文化地标

万安伦◎主编

北京出版集团公司

北京出版社

图书在版编目（CIP）数据

文化地标 / 万安伦主编. — 北京：北京出版社，
2019.5
（文明游北京）
ISBN 978-7-200-14549-6

Ⅰ. ①文… Ⅱ. ①万… Ⅲ. ①建筑物 — 介绍 — 北京
Ⅳ. ①TU-862

中国版本图书馆 CIP 数据核字 (2019) 第 003988 号

文明游北京
文化地标
WENHUA DIBIAO
万安伦　主编

*

北 京 出 版 集 团 公 司
北 京 出 版 社 出版
（北京北三环中路 6 号）
邮政编码：100120

网　　址：www.bph.com.cn
北 京 出 版 集 团 公 司 总 发 行
新 华 书 店 经 销
北京瑞禾彩色印刷有限公司印刷

*

710 毫米 ×1000 毫米　16 开本　14.5 印张　213 千字
2019 年 5 月第 1 版　2019 年 5 月第 1 次印刷
ISBN 978-7-200-14549-6
定价：65.00 元
如有印装质量问题，由本社负责调换
质量监督电话：010-58572393

前　言

　　北京是我们伟大祖国的首都，是全国的政治中心、文化中心、国际交往中心和科技创新中心。"文化之都"是北京最耀眼的城市标识，是中华文明的一张"金名片"。习近平总书记十分关心北京的发展，2014 年和 2017 年两次视察北京，对首都发展提出明确要求，寄予殷切期望。他强调，"北京要建设国际一流的和谐宜居之都"，而向世界展示一个有历史、有文化、有故事的北京，正是"文明游北京"系列丛书出版的宗旨和目的。

　　北京是一座有着 3000 多年历史的文化名城。早在殷商时代，北京地区已是颇具规模的部落定居点，具备了城市的雏形。从公元前 1045 年周武王在殷商原有封城的基础上分封燕和蓟两个封国算起，北京的建城史至少有 3064 年。北京城经历了从"封国方城"（周代至战国）到"大国边城"（秦代至唐代），再到"辽国陪都"（公元 938 年，北方少数民族政权陪都）、"金国中都"（1153 年，北方少数民族政权都城），直至"国家都城"（元代起为统一的多民族国家的首都）。在漫长的城市发展和历史积淀中，北京的城市地位一直处在上升状态，这为北京孕育灿烂辉煌的城市文明、博大精深的城市文化及丰富多彩的旅游资源，提供了历史依据和现实可能。

　　中央文明委和北京市委市政府提出，要加强精神文明建设，大力发展文化产业，大力扶持重大历史题材、京味文化、传统文化等主题作品；要以"一核一城三带两区"为重点，加强对"三山五园"、名镇名村、传统村落的保护和发展，把北京城市的历史文化传承好、发展好。本套丛书正是以此为宗旨，让读者更多地发现北京之美，自发地爱北京、护北京、建北京，在宣传好北京文化"金名片"、续写好北京文化新篇章的同时，提升游客的文明游览水平，谨防不文明游览行为的发生。

根据北京"全国文化中心"的城市战略定位，"文明游北京"系列丛书从古都文化、红色文化、京味文化、创新文化几方面展示了北京作为历史文化名城的独特魅力。丛书共 10 册，包括《名人故居》《传统村落》《红色景区》《胡同胜景》《文化地标》《工业遗址》《亲子胜地》《长城胜迹》《西山永定河》《京城大运河》。它立足于北京自身特有的人文景观和自然风物，以独特的视角全方位地对北京这座城市进行了细致解读。其内容涵盖从古至今坐落在北京大街小巷里的名人故居，荣获北京市第一批市级传统村落的 44 个古村落的发展状况和特色景观，散落在北京各处的红色革命景区，象征着老北京传统民俗文化的北京胡同，以故宫、颐和园、鸟巢、水立方等为代表的古今文化地标，以798 为代表的工业遗址园区现状，最适合亲子游的一些玩乐之所，世界上最雄伟壮观建筑之一的长城胜迹，"三山五园"、西山八大处和永定河沿岸的景观，以及京杭大运河北京段周边的旖旎风光。整套丛书，对一般读者深度认识北京这座城市的人文、历史、建筑等，具有重要的参考价值和指导作用；对热爱北京文化研究的读者来说，也具有一定的资料意义和收藏价值。

"文明游北京"系列丛书于 2017 年启动，丛书的大纲和文稿经过了十多次修改。值得一提的是，为给读者提供第一手的景点信息，编撰团队亲自去了书中收录的每一个景点进行信息采集和照片拍摄。丛书采用图文并茂的形式，从面到点，规划线路，介绍景点的位置、特色、故事及相关人文、历史等信息，适合于对人文、历史、建筑、旅游感兴趣的读者。丛书实用性、知识性和趣味性并重，希望为北京文明旅游和文化传承做出一份自己的贡献。

万安伦

2018 年 11 月 27 日

目录

//////// 第一章 ////////

相约文明游北京

　　作为四大文明古国之一的中国一直是"神秘的东方文明"的代名词。站在中华大地上回首，有一座都城熠熠生辉，那就是北京。历经千年，方圆数百里，社会的变化带来了城市的变迁，文明的进程携带着历史的更替，若是您有机会来到这里，不如让我们相约一起，文明游北京。

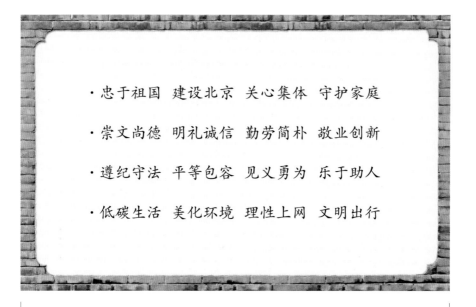

·忠于祖国　建设北京　关心集体　守护家庭

·崇文尚德　明礼诚信　勤劳简朴　敬业创新

·遵纪守法　平等包容　见义勇为　乐于助人

·低碳生活　美化环境　理性上网　文明出行

对于中国人来说，北京有多重身份，是中华民族文化大同的集中体现，是祖国的首都，北京的院落和巷子、戏剧和博物馆更是国人内心骄傲之所在。对于世界来说，北京也有多种意义，是东方之光的象征，是古老文明的象征，故宫和长城则是世界人民心中对神秘东方迷恋和向往的地方。

所以，当您来到这里，走进这古城的春风之中时，一定别忘了将春风留住，将古都之美留在心间，也一定别忘了遵守首都市民文明规范，共同守护这座美好的都城。

人与集体的关系：

忠于祖国　建设北京　关心集体　守护家庭

　　祖国是我们伟大的母亲，首都北京则是中华儿女衷心向往的地方，从不断扩展的北京环线到古城里的大街小巷，处处浸透了一代代建设者们为这座城市付出的汗水，首都北京的建设，是一代又一代的劳动者们辛勤付出和不懈努力的结果。人，从来不是单一的"动物"，集体是我们在社会活动中不可或缺的一种重要的组织形式，每个成员都要关爱集体以及集体的财物，让集体成为这个社会具有凝聚力的温暖的港湾。家庭作为社会最基础的组成部分，它的存在让我们每个人都有了一个让内心感到温暖的地方，家庭和睦才会最大可能地激发出人们对生活和未来的渴望和动力。用心守护家庭吧，它会让您更加安心地展望未来。

人与自我的关系：

崇文尚德　明礼诚信　勤劳简朴　敬业创新

高尚道德是中华民族锲而不舍的追求之一。中华民族是崇尚礼仪和高尚道德的民族，不论社会如何发展，属于我们古老民族的道德准则都需要一代又一代的中华儿女传承下去，如明礼诚信，作为中国传统美德，就应该发扬光大。中华民族是勤劳的民族，勤俭节约作为一种美德，无关财富的多少，也无关地位的高低，而是个人对待物质的一种理解和尊重，是一个人正确价值观的崇高体现。随着时代的快速发展，创新成为各行各业焕发生机的动力，当然，它离不开人们对于工作的热爱和努力钻研。

人与他人的关系：

遵纪守法　平等包容　见义勇为　乐于助人

游览时要遵守法律和法规，长城、故宫、国家博物馆等景区游客众多，需要排队进入，在注意提前预约和错峰出行的同时，如果赶上排队，一定要遵纪守法，多一份平常心，多一份包容，帮助工作人员维护秩序，见到违法乱纪的行为时，及时出手制止。当他人遇到危险时，合理地见义勇为，弘扬社会正气。

人与环境的关系：

> 低碳生活　美化环境　理性上网　文明出行

　　美好的环境关乎你我的健康，也让我们的生活更加舒适和惬意，我们应尽量减少碳排放，选择公共交通出行。理性判断网络信息，理性发表网络言论，这是当代网络大潮中每一个公民都应该遵守的基本准则。做个文明出行的好公民，为首都的文明建设奉献出我们的力量。

　　北京的四季都很美，无论您何时来到这里，北京都有不同的风景等待您的探索。希望您在充分欣赏这个美丽古都和国际大都市的过程中，注意举止文明，北京也会因您的到来，更添一个故事，平添一份美丽。

第二章

闲来话北京——文化地标

北京这座城市的魅力在于，它既是一座千年古都，又是一座现代化城市。它既是古老而神秘的所在，撩拨着人们想要一睹其芳容、一探其究竟；又是现代和开放的国际大都市，吸引着一批批年轻人来此追梦。

浓浓京味儿的千年古都

北京有着800多年的建都史，形成了世界上最复杂、最壮观、保存最完好的王朝都城文化体系。

人们往往用"京味儿"来概括北京文化的特点。"京味儿"是北京独有的一种气质，代表着京城文化的态度和审美趣味。

在异乡人的眼里，北京城的这种味道，是浸入北京人骨子里的一种味道，就像那些红墙黄瓦的建筑，流露出这座城市独特的气质。每一个来到这座城市的人总是会不自觉地被这些建筑所吸引，或是久久凝视，或是流连其中。只要放慢脚步细细地品味，总能感受到这些建筑所散发出的独特魅力。

纵观北京的发展历史，从明朝开始，各类皇家建筑纷纷拔地而起，成了这座城市里一道独特的风景。到了清朝，北京城又迎来了新阶段的辉煌盛景，这一时期的皇家建筑经历了前朝的大规模修建，逐渐形成了规模。以故宫为主的皇家宫殿建筑群；以天坛、地坛、日坛和月坛为主的祭祀建筑群；以王府为主的建筑群……这些色彩鲜艳、工艺超群的建筑成了北京这座城市有着象征意义和文化底蕴的"地标"。

当然，在这座古老的城市里，除了这些皇家建筑外，还有颇具市井韵味的地方。它们也许不单独是建筑，而是一段历史事件的见证者，但它们却有着浓郁的时代气息和文化韵味，比如正阳门外商贾云集的大栅栏历史文化街区，香火旺盛的白云观。如果说这些地方只是这座城市市井文化的写照，那么宛平城外的卢沟桥，西山葱郁山林间的潭柘寺，就是融自然风光和人文景观于一身，且有着浓烈城市文化气息的地标。

经历了历史的变革和时代飞速的发展，那些旧时的京城地标虽然早已湮没在城市钢筋水泥的摩天大楼间，但依旧无法掩盖它们那耀眼的文化光环。

老北京的礼数，新北京的文明

老北京的规矩礼数多，从嘘寒问暖的问候、扶老携幼的礼仪、衣食住行的安排到逢年过节的规矩，这些都在无形中融入了北京人的生活。

　　这些礼仪不仅关联时令节俗，更包括人生大事，比如出生、做寿、过世。北京人办这三件大事都讲究吃面条，有所谓"人生三面"之说，而这三顿面无一例外都要吃打卤面。

　　旧时北京人探亲访友要携带礼物，讲究送"京八件"。家里来了客人，要清洗茶具，给客人现沏新茶。喝茶是北京人待客的一种礼仪，老话说"以茶会友"。家里来了客人，不仅要沏茶，在交谈中还要不断为客人续水，否则就是"人未走茶就凉了"，不符合北京人待客的规矩。而身为客人，不管渴不渴，都要领主人的情，喝上几口茶以示尊重。

　　当年，正阳门外的大栅栏就是这样一个处处讲究老北京独特礼数的地方。正阳门是当年内城的正南门，这座城门之外就是一条京城最为繁华的商业街，老北京人的礼数在这里展现得淋漓尽致。"吃了吗您哪！""回见了您哪！""擎好吧您哪！""慢走了您哪！"这一句句透着京城韵味的问候，成了这座城市文化现象中令人记忆最深刻的口头礼仪。

　　在茶楼酒肆里，最常听到的一句话就是："您来这个？"虽然只是一句对客人寒暄的话语，但是流露出的亲切、友善之感却是这个城市所特有的。

　　北京人的口头礼仪表现在张口就是"劳驾"，转身就是"您受累""给您添麻烦了""哪里的话""您别客气""有事您说话"，把"您"字时时挂在嘴边。

北京人有他们特有的心态，无论干什么，都表现得很从容。他们的讲礼、客气，来源于一种自信，以及这种自信带来的宽容、豁达。北京人有底气，觉得自己有根，不会被别人"异化"，相反地却可以用自身特有的精神文化风貌把别人"同化"。

2008年北京举办了举世瞩目的奥运会，让世人又一次领略了北京人独有的文化魅力，在鸟巢、水立方、奥运村，那些服装统一的志愿者，是这座城市的文明使者，他们在奥运会期间充分展示了新时代新北京的风貌。

文艺作品里的文化地标

作为一座历史悠久的文化古城，北京经常出现在各种文艺作品当中，北京为这些文学作品的创作提供了灵感，这些作品则为北京增添了光彩。

许多作家都曾创作过以北京为题材的作品，这些作品人们大都耳熟能详。如现代文学史上著名作家俞平伯的《陶然亭的雪》、周作人的《厂甸》、郁达夫的《故都的秋》、张恨水的《想起东长安街》、许地山的《先农坛》、老舍的《四世同堂》；又如20世纪五六十年代宗璞的《红豆》、林海音的《城南旧事》、邓友梅的《话说陶然亭》；还有新时期以来刘心武的《钟鼓楼》和《四牌楼》、史铁生的《我与地坛》、李敖的《北京法源寺》等。

在电影《阳光灿烂的日子》里，王朔和姜文构建出了他们少年回忆中的北京。影片里出现了不少北京的地标，比如马小军打群架的卢沟桥，马小军和米兰他们一起吃饭的莫斯科餐厅，他们一块儿演出的展览馆……

"在北京城中轴线的最北端，屹立着古老的钟鼓楼。鼓楼在前，红墙黄瓦。钟楼在后，灰墙绿瓦。鼓楼胖，钟楼瘦。尽管它们现在已经不再鸣响晨钟暮鼓了，但当它们映入有心人的眼中时，依旧巍然地意味着悠悠流逝的时间。"刘心武的小说《钟鼓楼》中的这段文字，让人印象深刻。对于很多生活在北京的人来说，钟鼓楼就是北京最经典的风景之一。

老狼在《一个北京人在北京》里唱道："德胜门灰色城楼，大栅栏灰色路口，一模一样灰色的楼门牌号都生了锈……过春节你们走了，说家乡话快乐

吧，可没了你们这儿还是那个梦一样的城市吗？北京我的故乡，风沙红叶是我的成长，北京我的梦乡，在梦里你蔚蓝金黄。"这都是在北京生活过的人真真切切的回忆。有时候，不需要说太多心情，只要提起一个成长过程中伙伴们都知道的地名，就足以表明乡愁。

冰心青少年时代是在老北京的中剪子巷14号度过的。她曾在晚年满怀深情地写了一篇短文，题目就叫《我的家在哪里》。她写道："只有住着我的父母和弟弟们的中剪子巷才是我灵魂深处永久的家。连北京的前圆恩寺，在梦中我也没有去找过，更不用说美国的娜安辟迦楼。北京的燕南园、云南的默庐、四川的潜庐、日本东京麻布区，以及伦敦、巴黎、柏林、开罗、莫斯科一切我住过的地方，偶然也会在我梦中出现，但都不是我的家！"

林语堂在《动人的北平》里写道："北平有五颜六色旧的与新的色彩。他有皇朝的色彩，古代历史的色彩，蒙古草原的色彩。驼商自张家口与南口来到北平，走进古代的城门。他有高大的城墙，城门顶上宽至四五十公尺。他有城楼与齐楼，他有庙宇、古老花园、寺塔：每一块石头，每一棵树木，以及每一座桥梁，都具有历史典故。"民国时的北平，褪去皇家的显赫，充满了平民的生活气息，是北京历史上城市空间格局趋于完整、城市文脉发展的重要时期。

北京这座古老的城市，它所有的文化地标都与众多文学家的精神世界互相激发，被放在他们的心中，被描绘于笔下，反复淬炼、描摹，变得真正有温度，成为人们的精神故乡。

第三章

耀眼的北京文化名片

再没有哪座古都像北京一样，既古老又年轻，既朴素又时尚，既粗糙又满含柔情。

对于厚重历史的传承，大胆的探索与实践，物质需求和精神需求兼顾……这些内涵都隐藏在北京的文化地标之中，是这座古城最耀眼的文化"面孔"。

探寻古代建筑的艺术之美

北京是世界著名古都，不仅文物古迹众多，更有许多风格各异的现代化建筑，可以说是一座保有古都风貌的现代化大都市。故宫、五坛八庙、钟鼓楼……这些古建筑以其鲜明的辨识度、厚重的历史感、浓浓的文化韵味，成为北京无形的财富，印刻着这座城市的过去和现在，见证了北京人的坚守与传承。

故宫博物院

每个来到北京的游客，都不会错过故宫博物院。这座曾经的帝王宫殿的大门早已向公众敞开，让人们在此尽情体会中国古代艺术之美。

📍 北京市东城区景山前街4号

📞 010-65131892

🕐 旺季（4月至10月）8:30—17:00；淡季（11月至次年3月）8:30—16:30。周一闭馆（法定节假日除外）

¥ 旺季60元；淡季40元

（门票在官网提前10天预售，现场已不设购票窗口，但可微信支付进入）

故宫，是一座特殊的博物馆。成立于1925年的故宫博物院，建立在明清两代皇宫——紫禁城的基础上，是世界上现存规模最大、最完整的古代木结构建筑群。它始建于明永乐四年（1406年），历时14年才完工，共有24位皇帝先后在此登基。

如今，昔日的皇宫禁地、重重宫阙，既是收藏明清皇室珍宝的巨大宝库，

故宫角楼与护城河交相辉映

也是记载明清宫廷历史的鲜活档案。1987年，故宫博物院被联合国教科文组织世界遗产委员会列为世界文化遗产。

◎ 令人骄傲的古建筑群落

紫禁城占地72万多平方米，南北长961米，东西宽753米，有大小院落90多座，共有宫殿房舍9000多间，都是木结构、黄琉璃瓦顶、青白石底座，饰以金碧辉煌的彩画。

雪后的故宫美景

这些宫殿沿着一条南北向中轴线排列，并向两旁展开，南北取直，左右对称。这条中轴线不仅贯穿紫禁城，而且南达永定门，北到鼓楼、钟楼，贯穿了整个北京城，气魄宏伟，规划严整，极为壮观。

建筑学家们认为故宫的设计与建筑，实在是一个无与伦比的杰作，它的平面布局、立体效果，以及形式上的雄伟、堂皇、庄严、和谐，都可以说是世上罕见的。它标志着中国悠久的文化传统，表现了600多年前中国匠师们在建筑上的卓越成就。

故宫里最吸引人的建筑是3座大殿：太和殿、中和殿、保和殿。它们都建在汉白玉砌成的8米高的台基上，远望犹如神话中的琼宫仙阙。

太和殿是紫禁城里最富丽堂皇的建筑，俗称"金銮殿"，是皇帝举行大典

神武门原名玄武门，代表北方之意，后因避讳康熙帝名讳而改名

的地方，殿高26.92米，东西长64米，南北宽37米，有直径达1米的大柱92根，其中围绕御座的6根是沥粉金漆的蟠龙柱。御座设在殿内高2米的台上。整个大殿装饰得金碧辉煌。中和殿是皇帝去太和殿举行大典前稍事休息和演习礼仪的地方。保和殿则是清朝每年除夕皇帝赐宴外藩王公的场所。

故宫建筑的后半部叫内廷，以乾清宫、交泰殿、坤宁宫为中心，是皇帝和皇后居住的正宫，东西两翼有东六宫和西六宫，是后妃们居住生活的地方。

故宫后半部在建筑风格上与前半部保持一致。略有不同的是，前半部建筑风格更严肃、壮丽、雄伟，以象征皇权的至高无上；后半部内廷建筑则更富有生活气息，建筑自成院落，有花园、书斋、馆榭、山石等。御花园里有高耸的松柏、珍贵的花木、山石和亭阁。万春亭和千秋亭可以说是现存古亭中最华丽的了。

大名鼎鼎的午门

◎ 让人流连忘返的180多万件文物

　　在故宫游览有两大看点：一是欣赏丰富多彩的建筑艺术；二是观赏陈列于室内的珍贵文物。

　　故宫博物院藏有大量珍贵文物，其中不仅包括被精心保管的明清时代的皇家旧藏珍宝，还有通过种种方式收集的丰富的珍贵文物藏品，包括古书画、古器物、宫廷文物、书籍档案等，总数超过180万件，占全国珍贵文物总数的四

成多，其中有很多是绝无仅有的国宝。

其中有几个宫殿还设立了历代艺术馆、珍宝馆、钟表馆等，无论您平时是否对历史及文物有研究，都会忍不住在这些无与伦比的艺术品前久久驻足凝望。

特别是设在故宫东路的珍宝馆，馆藏的珍宝大到赏玩珍品，小到日常用品无所不包。各色宝物汇聚于此，金银玉器、珍珠翡翠等各类珍宝价值连城、举世无双。

漫步在故宫博物院的常设文物专馆，或者去欣赏故宫博物院的专题文物展览，都可以更完整地了解中华民族工艺美术的伟大成就。

Tips
出行小贴士

1. 故宫博物院实行自南向北单向参观路线：游客一律从午门（南门）进入故宫；从神武门（北门）和东华门（东门）出。
2. 故宫提供免费存包服务，寄存的包裹可以在午门存，在神武门出口取。

天坛

与故宫、颐和园齐名的天坛，是明清两代皇帝祭祀和祈祷五谷丰收的地方。天坛公园是中国也是世界上现存规模最大、形制最完备的古代祭天建筑群。

北京市东城区天坛内东里7号

四大门：旺季（4月至10月）6:00—22:00；淡季（11月至次年3月）6:30—22:00。景点：旺季8:00—17:30；淡季8:00—17:00

旺季15元，联票（含门票、祈年殿、圜丘、回音壁）35元；淡季10元，联票（含门票、祈年殿、圜丘、回音壁）30元

在古都北京，除了故宫、北海、颐和园这些曾属于帝王的殿堂园林，还有一些皇家重地，它们就是京城中的各处祭坛。

出于对大自然的敬畏，自上古起人类祖先就热衷祭祀。从《周礼》开始，国家级的祭祀一直延续了3000年。"国祭"的对象，着重在世间民生的本源——天地日月、社稷农桑。明清两代，在北京城内专门修建了祭祀用的专属祭坛。天坛、地坛、日坛、月坛……这些名字是今天北京市民非常熟悉的公园

和地名，但在几百年前，它们却都是一个个"神秘的存在"——因为这些地方属于国家级的祭祀圣地，只有皇帝才能亲临拜祭。

天坛位于北京城南，是明清两代皇帝祭祀皇天和祈祷五谷丰收的地方。

◎ 辽阔的祭天之所

天坛面积广阔，大约相当于紫禁城的4倍。在占地比例很少的建筑周围种植着大量苍松翠柏，深绿色在古代表示崇敬、追念和祈求之意。这也是在坛、

1. 天坛皇穹宇，存放有祭祀神牌
2. 祈年殿院落的正门——祈年门

庙、陵寝种植松柏的原因。

从明永乐十八年（1420年）北京天坛初建成时开始，天坛作为皇帝祭祀皇天专用祭坛的历史一直延续了490多年。1911年爆发的辛亥革命结束了中国2000多年的封建帝制，也结束了贯穿中国几千年的祭天史。1918年民国政府将天坛辟为公园，售票开放。

天坛公园树木葱郁，仅古柏就有3500多株，尤其在南北轴线和建筑群附近，更是古柏参天，树冠相接。

天坛公园外园中多为到此休闲的北京市民，他们围在一起或是唱歌，或是跳舞，或是健身，一派浓浓的生活气息。而内园的圜丘、回音壁、祈年殿，则到处是来自世界各地的旅行者，大家在导游的讲解中欣赏着古人的杰作与文化遗产。

天坛圜丘，是举行冬至祭天大典的地方

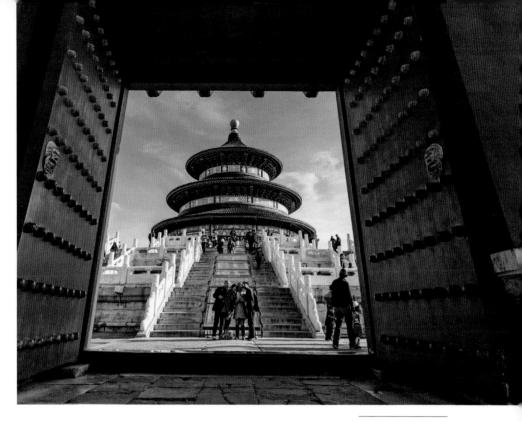

天坛的主体建筑祈年殿

◎ 最美古代祭天建筑群

天坛公园现有面积201万平方米，保存有祈谷坛、圜丘坛、斋宫、神乐署四组古建筑群，有古建筑92座，是中国也是世界上现存规模最大、形制最完备的古代祭天建筑群。它也因自身奇特的建筑结构和瑰丽的建筑装饰，而被认为是我国现存的一组最精致的古建筑群。

1998年11月，联合国教科文组织世界遗产委员会将天坛列入了世界遗产名录，并这样评价天坛：天坛是建筑和景观设计之杰作，朴素而鲜明地体现出对世界伟大文明之一的发展产生过影响的一种极其重要的宇宙观。

与西方世界那些浩大雄奇的地标工程不同，松柏掩映中的天坛建筑群并不以宏大取胜，而是精妙地构造了一个"天人合一"的神圣所在。

"它绝对是世界上最精巧的圆形木结构建筑！"结构设计大师兰德·希尔瓦博士在亲眼见到天坛祈年殿之后，震惊于它令人难以置信的工程设计和博大

美轮美奂的祈年殿

精深的建筑哲学。

◎ 高、圆、清的宁静美学

　　天坛以宁静深远而著称，其意境美主要体现在高、圆、清三个方面。

　　高，是为了表现天空的辽阔高远，表现"天"的至高无上。天坛的祈年殿比紫禁城的太和殿还高出11米多；而圜丘坛四周则设置低矮的墙墙以衬托主体建筑的崇高感；祈年殿和圜丘坛的整个外轮廓直接与天空连接，仿佛直入云霄。

　　圆，不仅指外形的圆，更是一种祥和的象征，蕴含着宇宙万物循环往复、周而复始的意义，体现出"天行健"的精神。不仅位于中轴线的主体建筑是圆

1 | 2
1. 天坛内绿草如茵
2. 祈谷坛边的白玉栏杆

形的，每一个建筑又形成很多同心圆，使建筑与穹隆形的天空成为一个圆融的整体。

清，是清新、清妙、清远。天坛的基本色调是青色，不论是天空、树林，还是琉璃瓦都属于青色，与天空相协调，树木和大面积的植被枝叶葱茏，生机盎然。

天坛建筑群精确表达了古代中国人对宇宙的理解，也代表了中国传统建筑水平的最高成就，表达了"天人合一"的宇宙观。

Tips
出行小贴士

1. 游览天坛公园一般从南门进，北门（或东门）出，依次参观圜丘、皇穹宇、丹陛桥、祈年殿和皇乾殿。
2. 天坛各殿堂内每 20 分钟有一次免费中文讲解，想更深入了解可以在四大门入口处租借讲解器。

地坛

作家史铁生笔下的地坛，即北京地坛，是我国现存最大的祭地之坛。

北京市东城区安定门外大街东侧

010-64214657/84257506

5月至10月6:00—21:30，11月至次年4月6:00—20:30。皇祇室8:00—17:00

门票2元，皇祇室5元

地坛，又称方泽坛，是北京五坛中的第二大坛，明清两代帝王祭祀皇地祇神的场所，也是我国现存最大的祭地之坛。

地坛始建于明代嘉靖九年（1530年），坐落于安定门外大街东侧，与天坛遥相呼应，与雍和宫、孔庙、国子监隔护城河相望。

◎ 曾经的肃穆坛庙，现在的热闹公园

地坛是一座庄严肃穆、古朴幽雅的皇家坛庙，坛内总面积37.4万平方米，呈方形，整个建筑朴实端庄，从整体到局部都是遵照我国古代"天圆地方""天青地黄""天南地北""龙凤""乾坤"等传统和象征传说构思设计的。

1│2 1. 地坛建筑上精美的琉璃瓦
2. 黄瓦红墙下的复古宫灯

　　地坛现存有方泽坛、皇祇室、宰牲亭、斋宫、神库等古建筑。

　　除了承担过古代祭祀作用的古建筑，地坛公园里值得一提的还有银杏大道。地坛公园内的 200 余株银杏树栽植于 20 世纪 50 年代末，是北京城最知名的银杏大道之一。秋天是地坛最美的季节，满园的银杏树一片金灿灿，直至深秋，金色银杏叶从枝头飘落在树下，满地金黄，漫步在铺满银杏叶的大道上格外有意境。较之人满为患的钓鱼台银杏大道，地坛没有那么拥挤，是更理想的观赏银杏叶的好去处。

　　每年春节，地坛会举行热闹的庙会，有卖传统物件的摊位和小吃摊等。地坛还会有仿清的祭地表演，展示了皇帝祭祀大典的盛况。

　　此外，地坛书市也是许多北京人记忆中的图书盛会。地坛书市从 1990 年

1. 绿瓦与垂柳相得益彰
1 | 2 | 3　2. 红墙彩绘映着玉兰花
3. 地坛里开得正盛的玉兰花

开始，举办了 22 年，几乎伴随了一代人的成长。2013 年地坛书市停办，2014 年改为"北京书市"在朝阳公园举办。

◎ 史铁生笔下的地坛

　　很多人知道地坛公园，是因为史铁生的《我与地坛》。梁文道说过："有时候我们会把一些作家跟一些固定地点捆绑起来，一想到那个地方就会想到那个作家。比如说你想到乔伊斯就会想到都柏林……看到史铁生的作品，你就一定会想到北京的地坛，或者说如果你读过史铁生的作品，你到了北京的地坛，就很难不在那里面想起史铁生对于它的描写。"

　　所以，地坛公园不仅仅代表古代祭地的神坛，同时它也根植于北京人生活之中，是史铁生曾经从日出待到日落，摇着轮椅独行过无数遍的地方。这个古老的公园里始终弥漫着一份静谧，有着老北京独有的气质。

Tips
出行小贴士

1. 从地坛公园西门进入，直奔公园北区就可以看到美丽的银杏大道了。
2. 请尊重文化遗产，保护文物古迹，不要在古建筑和古树上乱刻乱画。

日坛和月坛

北京城中重要的古代祭祀场所，除了天坛、地坛，还有日坛和月坛。天坛、地坛、日坛、月坛和先农坛合称为"五坛"。

日坛

📍 北京市朝阳区日坛北路 6 号

📞 010-65021743

🕐 5 月至 9 月 6:00—22:00；10 月至次年 4 月 6:00—21:00

¥ 免费

月坛

📍 北京市西城区月坛北街甲 6 号

📞 010-68020940

🕐 6:00—21:00

¥ 1 元

日坛，又名朝日坛，建于明代嘉靖九年（1530年），是明清两代皇帝祭祀太阳的地方，太阳在古代称为大明之神，祭祀太阳的时间是每年的春分。日坛是一座圆形建筑，正中有一座方形拜神台，面砌红琉璃砖，象征太阳。

月坛，又名夕月坛，每年秋分亥时，明清的皇帝会在此主祭月亮，配祀

1 | 2
  | 3

1. 日坛公园里有着遒劲纹路的古柏
2. 日坛公园里小配房古旧的木门
3. 张牙舞爪的古松

二十八宿，木、火、土、金、水五星及周天星辰。

◎ 古老的月亮意境

　　月坛与日坛同年修建，日在东，月在西，取遥遥相望的意思。月坛坛面以白色琉璃铺砌，象征着白色的月亮。园内的建筑也都紧扣月的主题，突出月亮的意境。

　　古人对月亮的观察十分细致，对于月亮的状态用字也颇为讲究。比如，每月第一天为朔，最后一天为晦。月半为弦，月满则为望。相传祭月这种祭祀的方式其实是秦始皇采用了齐国人的建议，后代皇帝也就沿袭下来，但保留下来比较有规模的月坛，只剩北京月坛这一座了。

◎ 充满生活气息的小公园

比起天坛与地坛的热闹，同样为帝王祭拜之所的日坛与月坛，现在更像是生活气息浓郁的公园。日坛与月坛平时并不对外开放，但公园里有小山小湖、各种植物。很少有人会去注意它们，它们也就一直安安静静地在那里，这是城市中难得的一片清静之地，是供周围的人们茶余饭后来散散步的好地方。

所以，如果去日坛公园与月坛公园，不妨带着体会老北京生活的心情，花一点时间，享受这两个古雅又充满生活气息的公园。

1 | 2　1. 月坛钟楼
　　　 2. 月坛天香庭

Tips
出行小贴士

请尊重清洁工人的劳动，不要乱丢垃圾废物，共同保持参观环境的清洁有序。

孔庙和国子监博物馆

如今的孔庙、国子监和故宫一样，在完成了自己的
历史使命后，已经成为一座城市沧桑过往的见证。

📍 北京市东城区国子监街 13 号

📞 010-84027224

🕐 旺季（5月至10月）8:30—18:00，
淡季（11月至次年4月）8:30—17:00，
周一闭馆

¥ 30元，周三可免费参观，需提前电话
预约

◎ 最高学府与首善之地

北京市东城区国子监街上，坐落着大名鼎鼎的孔庙和国子监博物馆，熠熠
生辉的辟雍大殿无声诉说着这里作为中国古代最高学府的辉煌。

国子监街东起雍和宫大街，西至安定门内大街，长680米，宽12米，这里
是北京"首都首善"的重要历史发端，清乾隆帝赞其为"京师首善之区，而国
子监为首善之地"。

元、明、清三代，孔庙和国子监虽是两处不同的建筑群，但实际作用是一

国子监里的至圣先师孔子像

样的。它们是皇帝祭祀孔子的场所，也是古代的最高学府，是古代教育最核心的一环。在孔庙和国子监博物馆，人们能够感受到两千多年来文人学子对于至圣先贤的尊敬。

◎ 孔庙，完整的古建筑群

　　孔庙始建于元大德六年（1302年）。元朝皇帝入主中原，定都北京后，在规划元大都的时候，就把孔庙规划在如今的安定门内大街以东、雍和宫大街以西，南临方家胡同的区域。当年这一整块区域，都是庙学及相关附属之地。

　　孔庙占地约2.2万平方米，有三进院落。中轴线上的建筑依次为先师门、大成门、大成殿、崇圣祠。前院东面有碑亭、神厨、省牲亭、井亭；西面有碑亭、致斋所，并有持敬门与国子监相通。两侧排列着198座元、明、清三代进士题名碑，大成门外有乾隆石鼓和与之有关的两座清代石碑。中院的主要建筑有东西庑和13座御碑亭；后院崇圣祠独立成院。

◎ 国子监，唯一保存完整的古代最高学府

国子监是元、明、清三代设立的国家最高学府和教育行政管理机构，又称"太学""国学"。它始建于元代至元二十四年（1287年），明代永乐、正统年间曾大规模修葺和扩建，清乾隆四十八年（1783年）又增建辟雍，方形成现在的规制。

国子监整体建筑坐北朝南，为三进院落，占地约2.8万平方米。古时在国子监读书的学生被称为"监生"。国子监不仅接纳全国各族学生，还接待外国留

1│2   1. 国子监是元、明、清三代的最高学府
       2. 琉璃牌楼上有乾隆题字"圜桥教泽"

大成门取孔子为中国古典文化之集大成者之意

学生，为培养国内各民族人才、促进中外文化交流起到了积极的作用。

国子监主体建筑历经700多年依然保存完好，是唯一保存完整的古代最高学府校址。国子监以其悠久的历史、独特的建筑风貌、深厚的文化内涵而闻名于世。

跨入太学门，就能看到院落里一株株古槐树苍老而遒劲的树干，缠绕其上的枯藤显示出蓬勃的生命力。国子监里遍植槐树是有特殊意义的，自周代起，就有"面三槐，三公位焉"之说，即在皇宫大门外种植三棵槐树，分别代表太师、太傅、太保的官位，所以古代的人们就把槐树视为"公卿大夫之树"。在国子监里广植槐树，喻示着监生们可以金榜题名。

请自觉配合安检，遵守相关规定，请勿刻画、涂抹、触摸裸露展品及碑刻。爱护院内古树，不要践踏绿地。

 **雍和宫**

雍和宫原为清代雍正皇帝还是亲王时所居住的潜邸，现为北京香火最旺的藏传佛教寺庙。

📍 北京市东城区雍和宫大街 12 号

🕐 11 月至次年 3 月 9:00—16:00，4 月至 10 月 9:00—16:30

¥ 25 元

◎ 皇家色彩与宗教地位

雍和宫是清代中后期全国等级最高的寺庙。清朝皇室之所以如此重视雍和宫，是因为这里出过两位著名的皇帝，一位是雍正皇帝，雍和宫是他还没有继位时所居住的雍亲王府，所以又称"潜邸"或"潜龙邸"；另一位是乾隆皇帝，雍和宫是他的出生地。

如果说雍和宫的屋脊带有皇家色彩，那是因为这里曾经是皇帝的居所。皇帝后来把它赠给了藏传佛教的重要人物，如今雍和宫已成为全国规格最高的一座佛教寺院，也是北京地区现存规模最大的藏传佛教格鲁派寺院。这里一年四季香火不断，每日游客如云，尤其到了每年的正月初一，有成千上万的人来此烧香祈福。

僧人们正在做功课

雍和宫在北新桥路东，西与庄重的国子监隔街相望，东与柏林寺毗邻，北临护城河，南接低矮的灰色民居，红墙黄瓦，丹青彩绘，飞檐崇阁，高低错落，雄伟壮观。

昭泰门、钟楼、鼓楼、雍和门、雍和宫、讲经殿、密宗殿7座建筑，呈现出中国佛教寺院"七堂伽蓝"式标准布局。从飞檐斗拱的东西牌坊到古色古香的东西顺山楼，共有殿宇千余间，奢华大气，值得游客来此游览。

◎ 风景与艺术都值得一看

在雍和宫，您可以穿过风景秀丽的银杏小径，徜徉在庭院和楼阁之间，也可以点一炷香供奉佛祖。

万佛阁层檐叠瓦

这所藏传佛教寺院，不仅是北京规模最大、保存最完好的藏传佛教寺院，同时也是一个藏传佛教艺术博物馆。尽管有专门的展室陈列关于藏传佛教的文物，然而作为博物馆的魅力还表现在这个院落的方方面面，从草木砖瓦到建筑风情，每一处都值得游客细细地探索和品味。

Tips
出行小贴士

1. 雍和宫各殿内禁止拍摄，请遵守规定。
2. 在昭泰门左右两侧有免费领香处，而且提倡文明敬香，只点3炷，不用另带香烛。

白云观

白云观很久以前就有"神仙本无踪，只留石猴在观中"的传说，所以来白云观的人们都不忘去摸一摸那三只形态各异的小石猴。

📍 北京市西城区白云观街 9 号

🕐 8:30—16:30

¥ 10 元

◎ 历史悠久的白云观

白云观位于北京市西城区西便门外白云观街，是道教全真派十方大丛林制宫观之一，是道教全真派的三大祖庭之一，也是北方最大的道观。白云观始建于唐开元二十九年（741 年），初名天长观，观内供奉太上老君。金世宗时扩建，更名"十方大天长观"，是当时北方道教的最大丛林，并藏有《大金玄都宝藏》。金末毁于火灾，后又重建为太极殿。宋代改名为太极宫。元初易名为长春宫。明初，长春宫毁于战火，唯处顺堂独存，重建后才更名为"白云观"。

现今的白云观，占地面积约 6 万平方米，共有 19 座殿堂，分中、东、西三路及后院，规模宏大，是全国重点文物保护单位。中国道教协会、中国道教文化研究所、中国道教学院及《中国道教》杂志编辑部均设于此。

白云观山门

白云观内收藏着大量的珍贵文物,最著名的有"三宝":明版《正统道藏》、唐石雕老子坐像及元代书法家赵孟頫的《松雪道德经》石刻和《阴符经》附刻。但是,对于前来白云观参拜或游览的人来说,最热门的并不是这些道教文物,而是白云观的石猴。

◎ 代表福气的石猴

自明清以来,北京就盛行在春节期间前来白云观参加庙会、拜本命神、摸石猴、打金钱眼等民俗活动。

白云观很久以前就有"神仙本无踪,只留石猴在观中"的传说,所以来白云观的人们都不忘去摸一摸那三只形态各异的小石猴,以祈求平安。

白云观的匾额系生铁铸造而成,寓意是企望白云观坚固持久,像铁铸的一

白云观的牌坊

般。三只石猴分别隐藏在观中的三个角落，故又有"铁打白云观，三猴不见面"
之说。

　　相传，这三只石猴分别为金猴、灵猴、神猴，逐一摸过，会得福佑顺遂。
三只石猴均为浮雕，刻得又小，倘若是第一次寻找，并不容易找齐。比如在券门
边上的一只，仿佛故意藏在那里似的。时至今日，到白云观的游客都会伸手轻抚
一下这只象征着幸福安康的石猴，尤其在新春佳节到来之际，来祈福许愿的人们
更是络绎不绝，而这只人们触手可及的石猴也早已被众人摸得模糊不清了。

◎ 游人如织的祈福之地

　　元辰殿是白云观香火旺盛的殿堂之一，尤其在新年伊始，前来拜祭自己的
本命神以求一年顺利的人不计其数。1993 年，白云观请人在元辰殿对面西墙上

白云观门口的石狮

修建了刻有十二生肖图案的浮雕，浮雕长约 10 米，高约 1 米，12 只动物按顺序排列。大概是受"摸猴"习俗的影响，来这里的人都喜欢去摸一下自己的属相动物以求保佑，其中猴子自然是受关注最多的一个。

古老的白云观，如今已成为首都北京的一大名胜，每年春节的民俗庙会更是游人如织，热闹非凡。

Tips
出行小贴士

文明环境靠大家共同营造，请勿携带宠物进院参观。

钟鼓楼

老北京中轴线的最北端屹立着古老的钟鼓楼，气势雄伟，巍峨壮观，是北京最经典的风景之一。

> 📍 北京市东城区安定门钟楼湾胡同临 9 号
> 🕐 9:00—17:00
> ¥ 20 元

◎ 文学与歌曲中的钟鼓楼

"在北京城中轴线的最北端，屹立着古老的钟鼓楼。鼓楼在前，红墙黄瓦。钟楼在后，灰墙绿瓦。鼓楼胖，钟楼瘦。尽管它们现在已经不再鸣响晨钟暮鼓了，但当它们映入有心人的眼中时，依旧巍然地意味着悠悠流逝的时间。"刘心武小说《钟鼓楼》中的这段文字，让人印象深刻。对于很多生活在北京的人来说，钟鼓楼就是北京最经典的风景之一。

提到北京的钟鼓楼，大家很容易想到何勇那首《钟鼓楼》："我的家就在钟鼓楼的这边……"这著名的钟鼓楼就位于老北京南北中轴线的北端，是地安门外大街上的标志性古建筑。

鼓楼的主体建筑

◎ 元、明、清三代都城的报时中心

中国许多城市都有钟鼓楼，在城市钟鼓楼的建制史上，北京的钟鼓楼规模最大、规格最高，也是见证我国近古历史的重要建筑。

出了烟袋斜街东口就能看到钟鼓楼了。钟鼓楼作为元、明、清三代都城的报时中心，有着非常重要的地位，堪称当年标准的"北京时间"。

钟楼和鼓楼中间隔着一个广场，两座建筑前后纵置，气势雄伟，巍峨壮观。

鼓楼是坐北朝南的木结构楼阁建筑，而钟楼是全砖结构，钟楼与鼓楼的高度均为47米左右。鼓楼为三重檐形制，歇山顶，上盖灰筒瓦，有绿琉璃剪边，整座建筑以木结构为主；而钟楼为重檐歇山顶形制，亦上盖灰筒瓦，有绿琉璃剪边，整个建筑为全砖石结构。登上鼓楼，能看到一面主鼓和二十四面群鼓，这群鼓代表着一年的二十四节气。遗憾的是鼓楼上原本的鼓都已在战乱时代散失了，仅留下一面残破的更鼓。现在鼓楼上的更鼓，都是20世纪80年代的仿制品。

◎ 钟鼓楼的周围有最地道的北京胡同

登上鼓楼眺望，可以看到北面距离不到100米的钟楼和南面的景山，还有旁边的什刹海。鼓楼大街两旁分布着四通八达的胡同、许多老字号商店与各种老北京小吃。比如烟袋斜街，它东起地安门外大街，西至小石碑胡同与鸦儿胡同相连，全长232米，是北京最老的斜街。据清乾隆年间刊刻的《日下旧闻

1 | 2
1. 钟楼的主体建筑
2. 钟楼里展示的铜刻漏

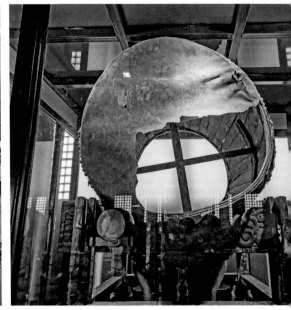

1 | 2　1. 鼓楼的二楼有很多鼓

　　　2. 这面鼓在八国联军入侵时被损坏

考》一书记载，此街原名"鼓楼斜街"，清末改称为"烟袋斜街"，并一直流传到今天。

从鼓楼下来，可以去烟袋斜街走走，逛逛那些著名的小店铺，或者在什刹海周边尝尝北京的特色小吃，还可以去景山公园游览一番。

经过近年来的大力疏解、整治和环境提升工作，钟鼓楼、什刹海周边的街巷胡同面貌一新，环境秩序日益好转，无论白天还是夜晚，都更加舒适、美丽，值得常去徜徉、漫步。

参观登楼请守秩序，观看表演的时候请保持安静。

潭柘寺

"先有潭柘寺，后有北京城"，潭柘寺是北京最古
老的寺庙。

> 📍 北京市门头沟区潭柘寺镇
>
> 📞 010-60862244/60862505
>
> 🕐 夏季 8:00—17:00，冬季 8:00—16:30
>
> ¥ 55 元，联票（潭柘寺、戒台寺）80 元

◎ 北京最古老的寺庙

潭柘寺建寺距今已有1700多年的历史，是北京最古老的寺庙。

关于潭柘寺，史书上说"先有潭柘，后有幽州"，民间则流传着"先有潭柘寺，后有北京城"的说法。潭柘寺始建于西晋永嘉元年（307年），寺院初名嘉福寺，经历了北魏和北周的两次"灭佛"，嘉福寺一直未有太大发展。到了唐代，嘉福寺才逐渐兴盛起来，特别是在武则天时期，寺院香火旺盛，时称龙泉寺。金代重修之后御赐寺名为大万寿寺，明代又先后恢复过龙泉寺和嘉福寺的旧称，清康熙年间又改称岫云寺。寺名虽因换代而有数次更改，但潭柘寺的叫法却沿袭至今。关于"潭柘"寺名的由来，《岫云寺莲花池记略》上说："寺址本在青龙潭上，有古柘千章，故名潭柘寺。"

"敕建岫云禅寺"几个大字为康熙帝所题

　　潭柘寺位于北京市门头沟区潭柘山麓，靠近108国道，距市中心30多千米。潭柘寺背倚山形和美的宝珠峰，高大的山峰挡住了从北方袭来的寒流，使潭柘寺所在之处气候相对温暖湿润，因此这里名花众多，古树参天。寺内佛塔林立，殿宇巍峨，整座寺院建筑依地势而巧妙布局，错落有致，更有翠竹名花点缀其间，环境优美。

◎ 优美的环境与葱郁的树木
　　历代僧人都会在寺院内种植有佛教象征意义的树木，如银杏树、松树、

潭柘塔林，高僧圆寂之处

娑罗树等，而潭柘寺的这些古树也相伴着寺院度过了无数的春夏秋冬，日益茁壮。如今这里郁郁葱葱，到了秋天，金黄的银杏叶和满山的秋叶，更是让这座古刹充满了秋的韵味和诗画般的意境。

寺庙因之得名的柘树，是一种非常罕见的珍贵树种。不过在潭柘寺里，比柘树更有名的，是一棵千年银杏树。相传在大雄宝殿东侧的这棵银杏树植于唐贞观年间，是北京最古老的银杏。乾隆皇帝曾经封这棵树为"帝王树"，西侧与其对称的另一棵辽代时配植的古银杏树则被称为"配王树"。

相传在清代，每当新皇帝继位，帝王树根部就会长出一枝新干来。20世纪

60年代初，爱新觉罗·溥仪到潭柘寺来游玩时，曾手指着"帝王树"上东北侧一根未与主干相合的细干，打趣说："这根小树就是我，因为我不成材，所以它才长成歪脖树。"

这棵"帝王树"现在已有40多米高，得七八个人手拉手才能环抱，真正是参天巨树。秋天来临时满树金黄的景象让人尤为震撼，成为潭柘寺的一大奇观。

大殿下面有明代种植的二乔玉兰，其间交错着探春花，每年5月份常有人专为观玉兰而来。另外，潭柘寺内有20多棵柿子树，树龄在数十年到数百年不等，每到秋天硕果累累，能结上千公斤柿子，成为秋季潭柘寺迷人的景观。更少见的是有一棵柏树与一棵柿子树相伴共生，像情侣一样，人们取其谐音，称为"百事（柏柿）如意树"。

钟声传来，心静无尘，清幽、祥和是潭柘寺给人最深刻的印象。

1 | 2

1. 潭柘寺传说中的九龙松
2. 潭柘寺山上的菩提树

1 | 2
  | 3

1. 寺门口的牌楼

2. 房脊上日夜守护的神兽

3. 潭柘寺曲径幽深

Tips
出行小贴士

寺内古树多，在观赏拍摄时，请珍惜古树的生长不易，只用镜头记录就好，不要攀折。

历史与现代在此交会

　　"无论哪一个巍峨的古城楼，或一角倾颓的殿基的灵魂里，无形中都在诉说，乃至于歌唱，时间上漫不可信的变迁。"梁思成先生如是说。

　　在北京，有着悠久历史的街区与建筑可谓数不胜数。只是其中有些建筑与地标有着历史的痕迹，而另外那些，则由于世事变迁而有所改变，形成了新旧交迭的迷人风貌。

大栅栏历史文化街区

大栅栏曾是明清北京城最重要的商业中心，如今经
过改造，成了历史感与现代感相结合的历史文化街区。

> 📍 北京市西城区前门大街大栅栏街 6 号
>
> 🕐 全天开放
>
> ¥ 免费

大栅栏位于天安门西南侧，曾是明清时期北京城最重要的商业中心，如
今是北京保留最完好、规模最大的历史文化街区之一，是京城文化的起源和
缩影。

◎ 大栅栏的由来

"大栅栏"怎么念？别说刚来北京的游客，就连久居北京的外地人也不一
定能准确地念出这个发音和写法相去甚远的地名。

老北京人会告诉您念"Dàshílanr"，关于这个发音有多种不同的说法。一
种比较常见的说法是，大栅栏地区曾是宫廷的珊瑚加工厂，而满语中的珊瑚即
读"沙剌"，于是这里的地名便有了这样的读音，并一直延续下来。

大栅栏作为北京的历史保护街区，这里的老建筑或多或少地保存着南城

街上有很多中华老字号

甚至整个老北京的风貌。大栅栏街区至今仍保存着明末清初"三纵九横"的格局，"三纵"指的是煤市街、珠宝市街以及粮食店街；"九横"指的是大栅栏的九条东西向的胡同。

老北京有句顺口溜叫"看玩意儿上天桥，买东西到大栅栏"，"头顶马聚源，脚踩内联升，身穿八大祥，腰缠四大恒"，说的都是早年间大栅栏及其商铺的地位和其繁华景象。

在长约 600 年的发展历程中，大栅栏一直是老北京最繁华之地。这里曾经商业发达，店铺林立，炉房、钱庄、银号云集，既有琉璃厂文化街，又有众多宗教庙宇和名人故居，是著名的梨园之乡。因此这一地区的建筑集明朝、清朝、民国等不同历史时代的风格于一体，见证了发生在这一地区的兴衰与一段段悲欢离合，很多历史建筑至今仍保存完好，成为记录当年老北京生活的活化石。

◎ 古老街区的新生命

从 2011 年起，在北京市西城区政府的支持下，"大栅栏更新计划"启动，城市规划师、建筑师、艺术家、设计师以及商业家一起探索着城市历史文化街区有机更新的新模式。

如今大栅栏商业街成为古与新结合的绝妙地点，从瑞蚨祥、内联升、马聚源这样响当当的百年老字号，到时尚的星巴克，甚至是电商聚美优品都在这里

街上的大栅栏第一百货商场

有旗舰店，可谓是为老街注入了新鲜的血液。

坐落于大栅栏与东琉璃厂文保区内老街深处的杨梅竹斜街近几年越来越为众人所知晓，"日式小清新餐厅""独立咖啡店"等时尚符号的引入，让这条不长的斜街在周末门庭若市。

也许大栅栏作为一个有故事的商业区能活跃几百年，新与旧的不断交替让它不断迸发出新的活力。它不是一个历史标本式的街区，而是一个生机勃勃的商业区，这正是它最吸引人的地方。

1｜2
1. 中华老字号同仁堂医馆
2. 中华老字号步瀛斋鞋店

Tips
出行小贴士

1. 为了在大栅栏街区逛得过瘾，建议穿着舒服的鞋子。
2. 商业街区行人众多，需要注意保管好自己的物品。

北大红楼

红楼是老北大的象征，是五四精神的象征，是一个
时刻提醒我们不忘初心的地方。

📍 北京市东城区五四大街 29 号

🕐 9:00—16:00，周一闭馆

¥ 凭身份证免费参观

作家刘震云在北大的一次演讲中说："一代代北大人认同，这是新文化运
动的中心，是五四运动的策源地，'德先生'和'赛先生'的开创地。"

◎ 五四运动的起点

北京大学红楼位于五四大街，是北京城内一座具有极不平凡历史的建筑。
它是北大前身京师大学堂的校舍，始建于1916年，1918年落成，为新古典主义
风格的建筑。

这是一幢包括地上4层、地下1层的"工"字形长条建筑，坐北朝南，因通
体用红砖砌筑并用红瓦铺顶而得名，在当时称得上北京城最有现代气息的建筑
之一。

1916年至1952年，它是北京大学的主要校舍所在地之一，也是中国新文化

运动的起源地、五四运动的主要活动场所之一。

◎ 让我们不忘初心的地方

现在，它是北京鲁迅博物馆（北京新文化运动纪念馆）馆区。不过，大家还是习惯性地简称它为"北大红楼"或者"红楼"。

如今的北京新文化运动纪念馆，开放一层各室原貌展供游人参观致敬，内有北京大学第一任校长蔡元培的办公室，鲁迅教中国小说史的教室，李大钊、毛泽东曾工作过的北大图书馆阅览室，以及五四运动策源地——《新潮》杂志社。同时，红楼也会经常举办一些跟新文化运动有关的不定期展览，每天还会在9:30、10:30、13:30、14:30播放《红楼往事》纪录片。

红楼是老北大的象征，是五四精神的象征。这里积淀着深厚的历史文化和

北京新文化运动纪念馆

1. 当年上课的教室
2. 五四运动的旗帜标语

说不尽的文人韵事。蔡元培在此提出了"思想自由，兼容并包"的办学方针，奠定了北大的传统和精神，开男女同校之先河。北大学子虽自嘲"饱食终日，无所用心"，却酝酿了一场声势浩大的爱国学潮——五四运动。

北大红楼，绝对是一个时刻提醒我们不忘初心的地方。

Tips
出行小贴士

1. 停车不便，建议以公共交通出行。
2. 放映室在9:30、10:30、13:30、14:30会放映《红楼往事》纪录片。
3. 一层西侧有商店，可以买到纪念品和介绍民国时期教育的书籍。

王府井天主教堂

北京四大天主教堂之一，历史悠久，如今成为北京的新地标之一。

◎ 北京市东城区王府井大街 74 号

🕐 教堂外围全天开放，圣堂除弥撒时间外，
每天 8:30—11:30、14:00—17:00 开放

¥ 免费

　　王府井天主教堂是北京四大天主教堂之一，俗称东堂，又名圣若瑟堂、八面槽教堂，是耶稣会士在北京城区继宣武门天主堂之后兴建的第二所教堂。

◎ 中西合璧的古老教堂

　　教堂由意大利传教士利类思和葡萄牙传教士安文思创建。明末时两人在四川传教，清初被清兵掳至北京，在肃王府当差。顺治十二年（1655年），顺治帝福临赐给他们一所宅院和一块空地，他们即在空地上建起了这座教堂。

　　王府井教堂坐东朝西，占地近1万平方米，罗马式建筑风格显著，但在细部的处理上融入了一些中国元素，形成了中西合璧的风格。堂内有18根圆形砖柱支撑，粗壮的壁柱，一高两低的穹隆形圆顶，奠定了它浑厚的风格。

中西合璧的王府井天主教堂

　　教堂曾在1720年毁于地震，次年得到修复。当时意大利传教士、著名宫廷画师郎世宁来华，教堂内很多圣像都出自他的手笔，有很高的艺术价值。但1807年由于传教士的疏忽，教堂被一场大火吞噬，内藏的许多珍贵艺术品也付之一炬。

◎ 成为王府井的新地标

　　2000年王府井大街进行改造，拆除了原先围绕教堂的围墙，又扩建了教堂前广场，广场两侧设有座椅可供行人休息，新加喷泉地灯，并改建了圣若瑟纪念亭。在周围现代化建筑的映衬下，王府井天主教堂成了这条大街上的新景点，它也因此成为北京最为市民所熟知的一座天主教堂。

　　整座教堂广场高出地面1米有余，使其更显与众不同。它虽身处闹市，却丝毫没有减少其圣洁的气质。灰色的欧式圆顶建筑因其古老的历史而显得越发

王府井天主教堂夜景

神秘，新铺就的门前广场在绿树环绕中更具浓郁的人文色彩。

　　教堂节日里常有活动，十分热闹。夏天傍晚会有很多人在这里聚集，这里还是很多游客都会选择的拍照地点之一。而冬季时，特别是圣诞节期间，浑厚的电风琴声和唱诗班阳光般的歌声从教堂里面传出来，荡漾在冬日的空气中。每逢平安夜，整座教堂都会被射灯照得通明，吸引了不少来来往往的行人驻足观看。

Tips
出行小贴士

　　进入教堂游览，请注意穿着不要过于随便，进门请脱帽，拍照不要用闪光灯，不要用相机支架，请小声说话。

北京古观象台

世界最古老的天文台之一，如今是闹市中的一处静谧之地。

> 📍 北京市东城区建国门东裱褙胡同 2 号
> 📞 010-65242202
> 🕘 9:00—17:00（16:30 停止售票），周一闭馆
> ￥ 成人 20 元，学生 5 元（仅中小学生）

繁星灿烂的夜空，一直有着令人难以抗拒的魅力。远古的人们在陶器上绘制太阳、月亮、星辰的纹样，以表达自己对天空的崇敬。后来，星象又与国运兴衰联系在了一起。中国古代先人对大自然的敬畏和对星象的重视，造就了众多优秀的天文学家，也造就了大批领先于世界的天文仪器。位于北京建国门附近的古观象台就是见证这一历史的宝贵遗存。

◎ 古老观象台的变迁

北京古观象台是中国明清两代的皇家天文台，也是世界上现存最古老的天文台之一。早在元代至元十六年（1279 年），天文学家王恂、郭守敬等就在建

1 | 2　1. 观象台边的郭守敬塑像
　　　　2. 观象台的门洞

国门观象台北侧建立了一座司天台，这是北京古观象台可追溯到的最早的源头。

1644 年，清政府改观星台为观象台，并改用欧洲天文学的方法计算、编制历书。古观象台上的 8 架天文仪器也是在清朝建造的，这 8 架铜仪虽在造型与纹饰等方面具有中国传统特色，但在刻度、游表、结构等方面都反映了欧洲文艺复兴时代以后在大型天文仪器上的成就。

1911 年，古观象台改名为中央观象台。1929 年，古观象台改为国立天文陈列馆。

◎ 世界罕见的古观象台

　　中华人民共和国成立后，古观象台移交给北京天文馆，现为全国重点文物保护单位。

　　纵观世界古天文台，有的只有遗址而无天文仪器；有的则随着科学技术的进步，仪器被不断更新。而北京古观象台则不同，无论是历史建筑还是古代天文仪器都相对完整地保存了下来，实属世界罕见。

　　1998 年，时任葡萄牙总理的安东尼奥·古特雷斯来此参观，对古观象台珍贵的天文仪器大为赞叹。他也曾参观过英国格林尼治天文台，但他认为北京古观象台环境更优雅，文物保存更为完好。

1. 早在唐代就开始使用的观星设备——星晷

2. 现为展厅的紫薇殿

3. 展厅里的天文图

出行小贴士

1. 来观象台交通非常方便，从建国门地铁西南口出来往西南走 100
   米即到。
2. 观象台下面有三个展厅，展示的都是中国古代的一些科技成就。

东交民巷

老北京最长的一条胡同，道路两旁西洋风格的建筑向过往的人们诉说着它的历史。

> 📍 北京市东城区，西起天安门广场东路，东至崇文门内大街
>
> 🕐 对外开放
>
> ¥ 免费

◇ 见证历史的使馆聚集地

东交民巷西起天安门广场东侧路，东至崇文门内大街，全长近 1.6 千米。元朝时，它和天安门广场西侧的西交民巷是连在一起的一条胡同，称作江米巷，总长近 3 千米，是北京最长的胡同。南方的粮食通过河道运到北京，就在这里贩卖。到明朝时这里被截成了东西两条胡同。渐渐地，这一带由卖江米的铺子发展出众多食品铺、小吃店，形成了一条商业街。

到清朝时，东交民巷开始建造官署，一些王公大臣也在此建造宅第，如肃王府、镇国公府、大学士徐桐府等。乾隆年间，此地盖起了第一个带有外交性质的驿馆——内馆，作为供外国使臣来京朝贡时临时居住的地方。《辛丑条约》签订后，英、法、德、日、美、俄、意、奥、西、比、荷 11 个国家在东交民

巷建立使馆，并将它划为"使馆界"，成了中国京城内变相的租界。

　　东交民巷使馆建筑群形成于 1901 年至 1912 年，是一个集使馆、教堂、银行、官邸、俱乐部为一体的欧式风格街区，也是北京仅存的西洋风格建筑群，并保有 20 世纪初欧美流行的折中主义风格。

后面尖顶的建筑就是圣弥额尔教堂

1│2 1. 街上的中国法院博物馆
　　　2. 圣弥额尔教堂的正门

◎ 现在的安静低调，曾经的风起云涌

　　东交民巷是清末时的外国使馆聚集地，沿街洋房林立，建筑都是西洋风格，且现在基本保持原貌，有一些成为国家机关办公地点，如北京市公安局、最高人民法院、外交部招待所等。整个使馆建筑群在 2001 年时成为全国重点文物保护单位。

　　东交民巷是一条非常幽静的巷子。这条路上曾住过很多历史上的传奇人物，也发生过一些改写中国近代史的大事件，比如义和团运动、《辛丑条约》的签订等。它四季景色各异，若您有时间，不妨来东交民巷感受一下这里厚重的历史。

　　虽然目前东交民巷中的老建筑大部分是机关单位，无法入内参观探访，但老建筑中也有一些是对外开放的，比如日本正金银行旧址。这是一座两层高的西洋古典式建筑，具有明显的荷兰古典主义风格，如今这里是中国法院博物馆

已故柬埔寨前国王西哈努克在京的住所

所在地，可凭身份证免费参观（周一闭馆）。

　　同样作为博物馆对外开放的，还有东交民巷 36 号花旗银行旧址，现在是北京警察博物馆。花旗银行旧址为三层西洋古典式建筑，坚固厚重。

　　还有圣弥额尔教堂，是北京受破坏程度最轻的一座天主堂，值得一看。

Tips
出行小贴士

　　目前东交民巷大部分旧有建筑都作为政府机关办公地，因此游人前往游览参观或拍照时，请先确认是否可以进入或拍摄。

德胜门箭楼

北京城墙大都已被拆除，德胜门箭楼是北京幸存的两座箭楼之一。它见证了北京的历史变迁，已成为北京历史文化的一部分。

📍 北京市西城区德胜门东大街 9 号

🕐 8:00—17:30

¥ 20 元

德胜门箭楼位于老北京城北垣西侧，是北京内城九座城门之一。

此楼灰瓦铺顶，绿瓦收边，坐北朝南，前楼后厦，东、西、北三面环设箭窗，总计 82 孔。城台环筑雉堞、女儿墙，坚不可摧，远远望去甚是壮观，可以想见它当年抵御外敌的雄姿。

◎ 代表胜利的德胜门

老北京城墙大都已拆除，仅保留了三座门楼：正阳门（包括箭楼和城楼）、东南转角楼和德胜门箭楼。德胜门箭楼是北京城幸存的两座箭楼之一。

"德胜门"这个名称，是明代时定名的。1368 年 8 月，大将军徐达率 10 多万明军攻破了元朝的大都城，元顺帝急忙从大都城的西北门健德门逃回北方

站在城楼上视野开阔

草原。后徐达将城北垣西门改称德胜门,以纪念明军取得胜利和表达"以德制胜"之意。

明永乐十八年(1420年)修建北京城时,元大都城的北城墙南移了5里(2500米),修了城门和瓮城,又将原来的土城墙改为砖城墙,仍叫德胜门。

德胜门箭楼同瓮城一起,构成保护城门的军事堡垒,始建于明正统二年(1437年)。在明朝嘉靖年间和清朝康熙年间都曾经重修过。民国初年也曾修缮,但因财力不足,只修了半个城台就被迫停工了。

北京内城有九门,这九门都有城楼和箭楼。可是德胜门的箭楼却与众不同。拿正阳门来说,箭楼下有门洞和城门,而德胜门的箭楼却没有门洞和城门,它是北京独一无二的没有门洞和城门的箭楼。

　　德胜意为"以德取胜"，故在明清两朝凡有战事军队从京城开拔战场，多走德胜门，意味着此行必然旗开得胜。清军平定噶尔丹叛乱和大小和卓之乱时也均从此门出兵。

◎ 多次遭重创仍屹立不倒

　　在明清两朝，与其他三垣城门多有象征意义不同，北垣的德胜、安定二门实实在在担负着京城防御的首要之责。从明正统十四年（1449 年）的瓦剌围城到清光绪二十六年（1900 年）的庚子国变，北垣二门多次成为保卫京师的最重要的防线。八国联军围攻北京之时，兵分九路狂攻京师九门，战事之激烈尤以正阳门和德胜门为最。北京城陷落之时，正阳门的门楼和箭楼已被轰塌，而德

1 | 2 / 3

1. 城楼上的古代大炮

2. 大红门映着旋转登城台阶

3. 德胜门城防文化展门口

胜门虽遭重创，却依然屹立不倒，足见其建筑之坚固。

德胜门在明正统初年（1436 年）进行过一次大修，正统四年（1439 年）竣工，之后几百年里又经历了几场大地震，虽有毁坏，但是始终屹立不倒。

◎ 立在历史与现代的交会处

20 世纪 70 年代末，当时德胜门箭楼还未被列为文物保护单位，为了修建立交桥，德胜门箭楼曾面临被拆除的命运。当时，恰逢著名城市规划家、古建与文物保护专家郑孝燮先生在调查全国文物破坏情况，得知这个消息后他立即致信中央，指出德胜门箭楼是除前门箭楼外，在京城"北线"仅存的明代古建筑，它的历史价值和文物价值无可替代。这个建议受到了中央的重视，于是在 1980 年，屹立 600 余年的德胜门又迎来新一次的大修整，以新的面孔呈现在世人眼前。

1|2

1. 古钱币展览馆里展出的古代钱币
2. 德胜门箭楼上精美的檐瓦

　　如今，德胜门箭楼依然屹立在北京北二环德胜门桥畔，每天有无数游客从德胜门箭楼脚下的公交站出发，前往八达岭长城和十三陵景区观光。德胜门立交桥从德胜门箭楼东西两侧跨越护城河，这是历史文物与现代建筑的又一次交会。

Tips
出行小贴士

　　参观展览馆时，要遵守禁烟、禁用闪光灯拍照等规定，不随意触摸展品。

卢沟桥

除了作为历史的见证者，卢沟桥本身也是一座有着悠久历史的美丽古桥。

> 📍 北京市丰台区卢沟桥城南街 77 号
>
> 🕐 旺季（4 月至 10 月）7:00—18:00，
> 淡季（11 月至次年 3 月）8:00—17:00
>
> ¥ 20 元，登城门票为 3 元

卢沟桥亦称芦沟桥，在距离天安门西南约 15 千米处，丰台区的永定河段上。它因横跨卢沟河（永定河）而得名，是北京市现存最古老的石造联拱桥。

◎ 既是历史见证者，也是美丽古桥

我们熟知卢沟桥的名字，是因为它是历史的见证者。1937 年 7 月 7 日，日本帝国主义在此发动全面侵华战争，中国抗日军队在卢沟桥打响了全面抗战的第一枪，史称"卢沟桥事变"。

卢沟桥是一座有着悠久历史的美丽古桥，全长 265 米、宽约 8 米，有桥墩 10 座，共 11 个半圆形的石拱。桥身是石体结构，均以银锭铁榫连接，为华北最长的古代石桥。

冬日的卢沟桥，水面已经结冰

　　茅以升先生在著作《中国石拱桥》中就说过："早在13世纪，卢沟桥就闻名世界。那时候有个意大利人马可·波罗来过中国，他的游记里十分推崇这座桥，说它'是世界上独一无二的'，并且特别欣赏桥栏柱上刻的狮子，说它们'共同构成美丽的奇观'。在国内，这座桥也是历来为人们所称赞的。它地处入都要道，而且建筑优美。'卢沟晓月'很早就成为北京的胜景之一。"因为《马可·波罗游记》中的记载，在国外，卢沟桥还有一个名字——马可·波罗桥。

◎ 卢沟桥的狮子数不清

　　卢沟桥上有许多雕刻精美的石狮子，它们形态各异，活泼灵动。桥上石狮

1 | 2 / 3

1. 桥上形态各异的狮子

2. 沐浴在夕阳下的卢沟桥金光灿灿

3. 桥上的石狮子活灵活现

原有627个，现存501个。

"这些狮子真有意思。它们有大有小。大的有几十厘米高，小的只有几厘米，甚至连鼻子眼睛都看不清。它们的形状各不相同，有的蹲坐在石柱上，好像朝着远方长吼；有的低着头，好像专心听桥下的流水声；有的小狮子偎依在母狮子的怀里，好像正在熟睡；有的小狮子藏在大狮子的身后，好像在做有趣的游戏；还有的小狮子大概太淘气了，被大狮子用爪子按在地上……"《卢沟桥的狮子》一文，对卢沟桥形态各异的石狮做了生动描写，这也体现了卢沟桥作为石狮艺术博物馆的研究价值。

卢沟桥上的石狮并不全是同一个时代的。最早的石狮是建桥时雕刻的，后来历代有所增补。1967年拓宽时，更换了91根望柱上的石狮。此外，由于交通碰撞、战争破坏、自然风化等原因，这些石狮也有损毁和修复。卢沟桥石狮的雕刻跨越了金代、元代、明代、清代、民国和中华人民共和国6个时代，最年轻的狮子仅21岁。1988年9月一个雷雨天，桥上的68号望柱被雷击中，柱头上的石狮也被损毁。1997年进行了修复。

◎ 古迹与生活无缝接轨

在康熙石碑的旁边，矗立着一座有碑亭的汉白玉碑，上面是乾隆皇帝手书的"卢沟晓月"四个大字，"卢沟晓月"是著名的"燕京八景"之一。中秋节前后来游玩，会发现月夜下的卢沟桥别有一番景致。另外，卢沟桥也是欣赏和拍摄日落的好地方。

卢沟桥最令人赞叹的一点，在于这座古桥至今仍承担着连接两岸交通的任务。古迹与生活无缝接轨，这就是世界上所有古城最大的魅力。

Tips
出行小贴士

卢沟桥上的石狮多为古迹，请尊重并爱护它们，可以欣赏，但不可随意涂画。

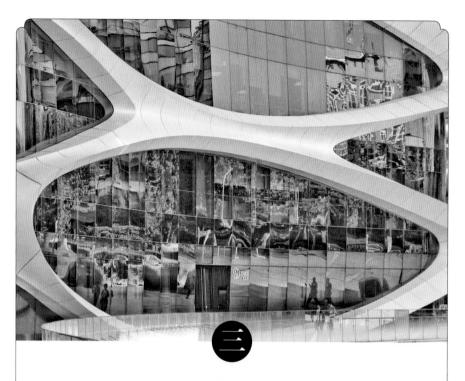

三

仰望现代建筑的辉煌

　　北京的发展日新月异，不断涌现出各式各样现代化的地标建筑，成为新北京一道道亮丽的风景线。北京如同一座庞大的博物馆，收藏和展示着这些"藏品"，这正是北京的另一面，新锐、探索、包容。如今，全国乃至全世界越来越多的年轻人来到了这个国际化大都市，不断为这里注入新的活力。

国家体育场（鸟巢）

鸟巢，为 2008 年北京奥运会的主体育场，外观独特，已经成为现代北京的地标性旅游胜地。

📍 北京市朝阳区国家体育场南路 1 号

🕐 4 月至 10 月 9:00—19:00，11 月至次年 3 月 9:00—17:30

¥ 普通票 50 元，含空中走廊联票 80 元，含空中走廊、贵宾区联票 110 元

鸟巢，即中国国家体育场，因其奇特的外观而得名。它于2008年6月28日落成，位于北京奥林匹克公园中心区南部，占地面积20.4万平方米，能容纳9万多名观众。2008年第29届奥林匹克运动会期间，鸟巢作为主会场，承担了开、闭幕式和多项赛事，精彩绝伦的开、闭幕式与鸟巢完美融合，令世人惊艳。

◎ 现代建筑史上的里程碑

国家体育场主体是由一系列钢桁架围绕碗状座席区编织而成的"鸟巢"外形，建筑结构浑然一体，具有很强的震撼力和视觉冲击力。交错编织的巨大外立面，错落有致、光影斑驳的集散厅，直上云霄的钢结构大楼梯，犹如森林般

的钢结构顶棚……从不同角度欣赏，都能领略到不同的建筑美感。

曾有人说，西方建筑史是"石头的历史"，中国建筑史是"木头的历史"。工业革命后随着水泥、混凝土等新建筑材料的出现，建筑史又逐渐变成"钢筋的历史"。而国家体育场由于具有"结构就是形式，形式就是结构"的特点，本身的钢结构同时是其"鸟巢"外形，注定成为现代建筑史上的一个里程碑。

鸟巢在2001年由普利兹克奖获得者雅克·赫尔佐格、皮埃尔·德·梅隆与中国建筑师李兴刚等合作设计完成，整体采用"曲线箱形结构"，看台可以通过多种方式进行变化，以满足不同时期不同观众量的要求。远观其形态，既如孕育生命的"巢"，又似一个摇篮，寄托着人类对未来的希望。

地标性的体育建筑和奥运遗产——鸟巢

许多建筑界专家都认为，鸟巢不仅为2008年奥运会树立了一座独特的标志性建筑，而且在世界建筑发展史上也具有开创性意义。

◎ 中国奥运梦实现的地方

而对更多的中国人来说，鸟巢不只是一个体育场，更是中国奥运梦实现的地方，是中国人情感的寄托。

2008年奥运会之后，鸟巢最辉煌的一刻好像已经沉淀，但鸟巢的魅力却不曾减少。除了体育赛事，其他一些大型活动，如文艺演出、公益活动等也会

在鸟巢举行，鸟巢成为地标性的体育建筑和奥运遗产。鸟巢是北京的新地标建筑，来到北京，一定要去一次鸟巢，就好像来到北京一定要去一次长城一样。鸟巢和玲珑塔、水立方、奥林匹克塔、奥林匹克森林公园等建筑共同形成了奥运景点群。

鸟巢周边的购物娱乐场所渐渐兴起，吸引了越来越多的游客。尤其是在夜晚，携三两好友，抑或独自一人，在凉风习习中近距离地观赏鸟巢，更能真切体验到鸟巢的辉煌、霸气。

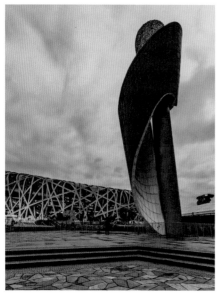

1│2

1. 奥体公园里的鸟巢和火炬
2. 红色是鸟巢里的主色调

◎ 在鸟巢内部体验的震撼感

除了欣赏鸟巢的外观，买票进入体育场内部参观一番也很值得。进入鸟巢后，不用担心"找不着北"，固定时间段会有免费讲解，跟着讲解员走就可以了。

在全部开放的鸟巢一层，可以看到中心体育场全貌。进入鸟巢内部，能看到当时的奥运主火炬和玲珑塔，有介绍鸟巢构建历史和各项技术的模型展示，可以直观地看到体育场。

此时您已经走到鸟巢的钢架结构内，零距离参观这个庞然大物。这和在电视里看的感觉完全不一样。当那些1.2米见方的空心钢就在眼前时，您才能真正意识到这是座伟大的建筑，第一次进入鸟巢的人很容易被它的钢铁丛林所震撼。

在"丛林"间穿梭的过程中，还有钢焊接点模型、地热交换系统模型等关

鸟巢里有固定座席80000个，看上去密密麻麻

于鸟巢建筑科技的展示和建筑过程的呈现。讲解员会告诉您鸟巢的建筑数据与故事，科技奥运、绿色奥运的理念也充分体现于此。

鸟巢的文化长廊里展示了2008年奥运会的一些遗产，比如开幕式使用的道具——古筝、缶、船桨、竹简，讲解员会一一进行讲解。

成龙在2012年完成电影《十二生肖》后，把拍摄用的十二个兽首全部赠予鸟巢，于是这里又多了一个看点：十二生肖观众席。您可以在5层找到自己对应的生肖观众席入口，再找到自己专属的生日座位。

天黑之后，灯火辉煌的鸟巢比白天更加美丽，晚风习习，望着这座城市繁华的夜色，别有一番趣味。

Tips
出行小贴士

1. 鸟巢内部不定时有讲解员进行讲解，可咨询工作人员，听听有关奥运的故事。
2. 平时游客不能进入鸟巢主体育场的内场，一般只能在看台上参观，请遵守场内秩序。
3. 登顶能俯瞰鸟巢内景，将周边的奥林匹克公园景观大道美景尽收眼底。

国家游泳中心（水立方）

在北京，鸟巢和水立方就像天安门和故宫一样，成了新的经典"打卡地"。

📍 北京市朝阳区天辰东路 11 号

🕐 10:00—19:00

¥ 参观：每人 30 元；游泳：每人 60 元；嬉水乐园：每人 200 元，1.2~1.4 米儿童每人 160 元

水立方与鸟巢同为 2008 年北京奥运会标志性建筑物，它位于北京奥林匹克公园内，与鸟巢是近邻，一方一圆，遥相呼应。

◎ 晶莹剔透的体育美学

您可以抽出半天的时间，从奥林匹克森林公园慢慢地闲逛到奥林匹克公园，再观赏夜色下的鸟巢和水立方。它们能把您从颐和园等皇家园林的古色古香中拉回来，让您看到北京现代化的一面。

水立方给人的第一印象，就是一个如水般晶莹剔透的方形建筑，带给人扑面而来的清凉感，令人心旷神怡。中国人对水立方的喜爱程度一点也不亚于鸟

奥运会标志性建筑物——水立方

巢。2008 年奥运会期间，水立方承担了游泳、跳水、水球等比赛项目，产生了
42 块奥运金牌。

　　水立方不仅是一个成功的体育场馆，也象征着一次体育美学的胜利。在国
家游泳中心设计方案公开竞标之时，国家体育场鸟巢的方案就已经确定了。中
国传统文化中"天圆地方"的设计理念催生了水立方，与主场馆鸟巢的设计相比，
水立方表现了一种礼让，它是一个非常有规则、被严格制约的几何建筑，不张扬，
同时又很柔美。

水立方在晚上能变幻出不同的颜色

◎ 梦幻温柔的全新建筑

美国现代艺术博物馆馆长在参观鸟巢和水立方之后说："两个建筑互相见证了双方关系，它们在一起，每天都在对话。"

这个看似简单的方盒式建筑，是中国传统文化和现代科技共同搭建而成的。水立方是世界上最大的膜结构工程。膜结构建筑是近年来极具代表性的一种全新建筑形式，不仅能体现出结构美，还能充分表现出大自然的浪漫感。水立方整体建筑由 3000 多个大小不一、形状各异的"气枕"组成，覆盖面积达到 10万平方米，堪称世界之最。只有 2.4 毫米厚的膜结构气枕像皮肤一样包住了整个建筑，气枕中最大的一个约 9 平方米，最小的一个不足 1 平方米。跟玻璃相比，

它可以透进更多的阳光和空气，从而让泳池保持恒温，能节约电能 30%。

水立方晶莹剔透的外衣上面还点缀着无数白色的亮点，被称为镀点，它们可以改变光线的方向，起到隔热散光的效果。水立方的外形看上去就像一个蓝色的水盒子，而墙面就像一团无规则的泡泡。

中方总设计师赵小钧形容水立方是一个很温存的建筑——特别是夜晚没有人的时候，给人一种梦幻的感觉。

奥运会之后，水立方成为一个集游泳、运动、健身、休闲于一体的多功能国际化时尚中心。人们除了来参观，还可以在这里游泳、嬉水，与水立方进行更亲密的接触。

水立方里的人造冲浪

水立方和鸟巢距离很近，可以在奥林匹克公园门口一起购买水立方和鸟巢的套票，价格更为优惠。

国家会议中心

国家会议中心的立面设计取自中国古代建筑屋檐的曲线概念，对传统建筑形式赋予现代的演绎，外形优美。

📍 北京市朝阳区天辰东路 7 号

🕐 全天，各场馆活动不同，需详询

💰 无须门票

国家会议中心位于鸟巢和水立方的北面，是一座8层高、近400米长的建筑，西侧配套建设有北辰洲际酒店和国家会议中心大酒店。

◎ 不算惊艳却大气磅礴

建筑面积53万平方米的国家会议中心距离鸟巢和水立方很近，自北向南伸展，气势恢宏、大气磅礴。从建筑的角度看，它没有鸟巢的新奇、水立方的惊艳，但显得非常有张力。

国家会议中心外形优美，它的立面设计取自中国古代建筑屋檐的曲线概念，对传统建筑形式赋予现代的演绎，同时又象征着一座桥梁，与奥林匹克公园的其他建筑遥相呼应。

101

国家会议中心前有各国的国旗

　　为配合北京2008年奥运会"绿色奥运"的理念，国家会议中心在设计、建设方面采用了绝妙的环保设计、中央吸尘系统、北京第一例真空垃圾收集系统、自然通风设计、大量新型建筑材料等，为中国绿色会展中心树立了典范。

　　站在国家会议中心外面看，最深刻的印象就是大——建筑体量大、玻璃幕墙大。走进去最大的感觉还是大，大厅广阔、走廊宽敞、房间众多。

◎ 功能最多的奥运场馆

　　2008年北京奥运会和残奥会期间，国家会议中心及配套建筑被用作击剑、射击、硬地滚球与轮椅击剑等赛事之场馆。

同时，它还承担了奥运会国际广播中心的任务。国际广播中心建筑面积14万平方米，是奥运会历史上最大的国际广播中心，来自全世界约1.6万名广播记者都在此工作。主新闻中心（MPC）是文字记者和摄影记者进驻的工作区，共有1000多个记者工作席位及硬件配套设施。

所以说，虽然鸟巢和水立方是奥运场馆群中抢尽风头的主角，但是国家会议中心才是奥运项目中投资规模最大、功能最多、最复杂的建筑。

奥运会之后，经过内部改造，国家会议中心于2009年11月1日盛大开业，成为中国地理位置优越、周边配套完善、具有世界一流水平的特大型会议中心。它除了能够满足大型会议、展览及多种公共活动的举办，其配套设施中还包括两座酒店、写字楼，以及近10万平方米的购物中心，配套齐全，更为便利。

1 | 2　1. 会议中心高大的廊道空间
　　　2. 会议中心大面积的玻璃墙面

会议中心正在举办电竞比赛活动

1. 国家会议中心交通便利，无论在此参加展会还是入住配套的酒店，
   都会十分便利。
2. 透过国家会议中心大酒店的任何一扇落地观景窗，都能欣赏京城
   美景，奥林匹克公园更是尽收眼底。

当代 MOMA

当代 MOMA 被评为中国十大新建筑奇迹，也是唯一的公寓类项目。

◎ 北京市东城区香河园街 1 号院

◎ 对外开放

当代MOMA是个建筑面积22万平方米的综合体项目，地处东北二环核心，邻近东直门、工体、燕莎使馆区等诸多核心区域。

◎ 城中之城，精彩新空间

当代MOMA由8幢高端建筑组成，里面的商业项目包括百老汇电影中心、库布里克书吧、山丘艺术中心等高端艺术、生活设施，还有精品酒店、顶级餐饮，以及空中连廊会所、空中游泳池、空中酒吧、空中健身房等云上休闲空间。

当代MOMA由美国哥伦比亚大学教授史蒂文·霍尔（Steven Holl）设计，以珍藏在美国纽约现代艺术馆内的镇馆之宝——著名画家马蒂斯的《舞者》为创意灵感，以北京胡同与四合院为改造元素，开创性地设计出空中连廊这一公共空间，打造出"城中之城"。

当代 MOMA 很有设计感的建筑

　　高低起伏的8个楼座通过空中连廊连接起来，构建出拥有空中连廊会所、一座水上艺术影院、一座酒店、一所国际幼儿园和数个演艺空间，集艺术、设计、创意、文化于一身的未来之城。

　　楼与楼之间互相串连，连接的廊道为公共空间，增加了楼与楼之间的互动性。中庭的电影中心可作为户外放映电影之用，冬天中庭可溜冰，小区公共设施的多重功能加上独特的建筑设计，使这个建筑看上去十分有趣。

◎ 可持续的新式社区模式

当代MOMA被评为中国十大新建筑奇迹，也是其中唯一的公寓类项目。设计者把焦点放在了穿越空间的体验上，将动作、时机和序列整合考虑，视点随着缓坡、转弯而改变。电梯的转换犹如电影里的画面切换，从一个楼层到更高楼层的通道，随着目光的上移，周边的美景尽收眼底。

当代MOMA还是一个可持续社区建设的范例。它构建了一个新的社区模式，将城市空间从平面、竖向的联系进一步发展为立体的城市空间，并大规模使用可再生的绿色能源，既节能又省地。它也探索了一种城市未来的生活新模式，将居住、工作、娱乐、休闲、交通结合在一起，通过空中连廊交错相连，必然能够加强邻里间的联系与交流。这个项目可以说是可持续社区的一次很有意义的探索实践。

Tips
出行小贴士

这里有艺术影院，去之前可以查查最近有什么影展或者艺术电影。

长城脚下的公社

> 长城脚下的森林中，由 12 名亚洲杰出建筑师设计
> 建造的当代建筑艺术作品，与周围环境相得益彰。

📍 北京市延庆区八达岭高速水关长城出口
G6 京藏高速公路 53 号

📞 010-81181888、400-815-9888

🕐 周一至周四 9:30—17:00；周五至周日
及法定节假日不对外开放

¥ 120 元

长城脚下的公社坐落在北京长城脚下面积达8平方千米的美丽山谷中，是私人收藏的当代建筑艺术博物馆。这个由12名亚洲杰出建筑师设计建造的当代建筑艺术作品，是中国第一个被威尼斯双年展邀请参展并荣获"建筑艺术推动大奖"的建筑作品，2005年被美国《商业周刊》评为"中国十大新建筑奇迹"之一。

好的建筑，不单指房屋本身，而是一种将环境和建筑融合得很好的关系。长城脚下气候多晴少雨，比较干燥，冬季时常大雪纷飞；公社地理位置基本处于群山脚下，雄伟的长城相伴左右；四周绿树环绕，与喧闹的城市间形成一道天然的屏风。长城脚下的公社包括11栋别墅和1个俱乐部，左边是"飞

绿树掩映中的建筑

机场""家具屋""手提箱";前方是"怪院子""红房子";远处是"大通铺""三号别墅""竹屋""双兄弟""森林小屋""土宅""公社俱乐部"。每一栋别墅都可以看到未经修复的古老长城,每一段线条和结构都浸润着设计师最朴素也最大胆的设计构想。

◎ 飞机场

建筑师:简学义(中国台湾)

这里是举办私人聚会的理想场所,共有4间卧室,桑拿屋里还有天然石头浴缸,3个会客室向不同方向延伸,如机场里的登机通道一般。两道嵌入山坡的石墙让您回归自然的怀抱,14米的长形走廊则是一个观赏风景的绝佳空间。

1 | 2

1. 韩国承孝相设计的公社俱乐部
2. 公社边上由人工导引的溪水

◎ 竹屋

建筑师：隈研吾（日本）

竹屋有6间带独立卫生间的卧室。纤纤细竹隔出的茶室是点睛之笔，六面皆竹，透过缝隙可看到长城的烽火台；茶室有十几平方米，悬于水上，极具禅意。

◎ 手提箱

设计师：张智强 （中国香港）

手提箱屋后，一条蜿蜒小道通向后山，穿行在树木笼罩的山坡上，有一种曲径通幽的感觉。

◎ 红房子

设计师：安东（中国大陆）

红房子可以接连到山谷的任一斜坡，对于原始的地形并没有太大的改变，

它自然且简单地对材料进行使用，并以简单的几何外观面结合，它拥有4间面向不同风景的卧室。

◎ 公社俱乐部

建筑师：承孝相（韩国）

公社俱乐部拥有10个私人包厢和别致的庭院，形成相当特别的景致。

此建筑以木料、不锈钢板以及石材等材料建造，不锈钢板的颜色经过长时间锈蚀而改变，与自然的色彩搭配更为和谐。石材与混凝土的组合是从基地撷取的，保留了基地原本的涵构。这些建造材料就好像是在那里存在了很久一样，构思的初衷是保存过去美好的记忆，因为那是构成现在的我们的重要因素。

◎ 怪院子

建筑师：严迅奇（中国香港）

1. 镜面的桌面倒映着蓝天绿树
2. 房子边上的小台阶

此处以最单纯的元素——白色刷漆的墙面、木质地板与石材铺面传递了宁静的乡村式家居生活的感觉。竹子屏栅表现了空灵的气质，与中庭散发的浓郁韵味相映成趣。

◎ 森林小屋

建筑师：古谷诚章（日本）

森林小屋外墙由狭长的玻璃组成，和环绕四周的密林形影相映。远远望去，这座森林小屋如同建在树上的鸟巢，风和日丽的时候，在小客厅还可能会看到松鼠在树间跳来跳去。

◎ 家具屋

建筑师：坂茂（日本）

此建筑引用了中国传统四合院建筑的概念，让中庭坐落住宅正中，房间则以基本的方形配置围绕庭院排列。

◎ 三号别墅

建筑师：崔恺（中国大陆）

这里视野开阔、层次丰富，近景是一号别墅，中景有会所，远景则是层层叠叠的山脉。客厅、餐厅向北，居室部分向东北且全面敞开。

◎ 大通铺

建筑师：堪尼卡（泰国）

大通铺强调沟通和共享。二楼的卧室是一排大通铺，甚至每个卫生间都有两个大浴缸，可以让您和朋友体验边泡澡边聊天的乐趣。客厅屋顶上有一块凸出的长玻璃窗，使屋内屋外可相互观望，连为一体。餐厅里有一张加长的桌子，可以和多位朋友一起用餐。

水底铺设了一层鹅卵石

这里拥有山林间的清幽

◎ 土宅

建筑师：张永和（中国大陆）

这栋建筑被从当中分成两半，引入了不同的景致、空间，也带入了"山水"意境。有条小溪从大厅的玻璃地板下潺潺流过。中庭，则是由一侧的山峦与另一侧住屋分裂的两翼共同围塑的空间，柔和地处理了自然地景与人造建筑间的分际。

◎ 双兄弟

建筑师：陈家毅（新加坡）

双兄弟分为主楼和附楼。主楼设有卧室、客厅和书房，4间卧室均带有独立卫生间，客厅附带壁炉，一边是一个较隐秘的庭园。二楼最内侧的浴室屋顶开了一个不大的椭圆天窗，可享受星光下的沐浴。附楼设有餐厅和厨房，餐厅是所有别墅里最美的餐厅，两侧都是落地玻璃窗，并带有一个小巧精致的户外阳台，可望见南向山脉上的长城。

Tips
出行小贴士

长城脚下的公社的每一部分建筑都作为酒店接受预订，如果单纯去参观，则需要遵从工作人员的指引，避免打扰住客。

中央电视台大楼新址

中央电视台大楼是一座不同寻常的摩天大楼。设计师最初设计这一方案时，就被许多同行认为是"无法建造的奇迹"。

> ◎ 北京市朝阳区光华路 32 号
>
> ◷ 不对外开放

中央电视台新址大楼位于北京市朝阳区东三环中路，地处CBD核心区，总建筑面积约55万平方米，最高建筑234米。它是世界上体量最大、结构最复杂的建筑之一，也是规模仅次于美国五角大楼的世界第二大办公楼。

◎ 伴随争议一路成长

坐落在CBD商圈的中央电视台大楼，其傲然挺立的姿态让这座城市增色不少，然而也备受争议。央视大楼是一座不同寻常的摩天大楼，在设计之初就被许多建筑行业人士认为是"无法建造的奇迹"。而建成之后的央视大楼，极其醒目地屹立在北京市繁华地段，接受着来往人群的围观，也承受着大家的调侃。引人注目的造型斜跨在高低不平的写字楼中间，这座宏伟的建筑却不经意有了一个十分亲民的称呼——"大裤衩"。

不过，虽然大家都用"大裤衩"来称呼它，但对其却并无厌恶之意。曾有过这样一个调查，采访北京市民是否认为"大裤衩"这个名字太难听，60%的受访者认为"名字挺好，没必要改"，于是"大裤衩"就成了央视大楼的流行称呼。

由世界著名建筑设计师雷姆·库哈斯（Rem Koolhaas）担任主建筑师的央视大楼，不管从城市的哪个角度看，它都是一个与众不同的建筑，被美国《时代周刊》评选为"2007年世界十大建筑奇迹"。

据专业人士分析，央视大楼主楼的两座塔楼双向内倾斜，在163米以上由"L"形悬臂结构连为一体，建筑表面的玻璃幕墙由强烈的不规则几何图案组成，这样一种回旋式结构以前在建筑界并没有现成的施工规范可循，在国内外均属"高、难、精、尖"的特大型项目。

把"无法建造"变成了现实，央视大楼在建筑美学方面的突破，得到了专业同行的认可和赞美。在世界高层都市建筑学会"2013年度高层建筑奖"的

楼下的院里有一块古碑

央视新楼的配楼，据说它有"秤砣"的作用

评选中，中央电视台新址大楼在60余个入围项目中脱颖而出，获得最高奖——2013年度全球最佳高层建筑奖。

夺得国际建造大奖，让曾经饱受争议的央视大楼，翻开了北京市地标性建筑的辉煌一页。

Tips
出行小贴士

虽然身为北京地标性建筑，但央视大楼目前并不对外开放。大家可以在周边观赏央视大楼的外观。观赏和拍摄时，请注意选择安全与不影响交通的位置。

望京 SOHO

地处朝阳区望京街与阜安西路交叉路口的望京SOHO，是从首都机场进入市区的第一个引人注目的高层地标建筑，也被称为"首都第一印象建筑"。

📍 北京市朝阳区望京街 10 号

🕐 对外开放

◎ 最受"爬楼党"喜爱的北京新名片

过去北京的地标就是明清宫殿建筑、皇家园林，尤其是故宫和颐和园，然而在近些年来的高速发展中，一批现代化建筑诞生了，望京SOHO就是北京奥运会之后又一闻名国内外的新式地标建筑，彰显了北京不断创新的特质。它是北京的一张新名片，是"爬楼党"和城市建筑摄影发烧友的新宠，也是拍摄北京夜景最理想的地点之一。

2014年度"安波利斯摩天大楼奖"评比中，望京SOHO凭借"杰出的节能系统和独特的设计风格"从300多座摩天大楼中脱颖而出，获得最佳摩天大楼奖，并以31分的最高分在10所荣获摩天大楼奖的建筑中雄踞首位，它是中国第一个获此殊荣的高层建筑。

望京SOHO由3栋集办公、商业为一体的高层建筑和3栋低层独栋商业楼组

到处都是流动的美学

成，最高一栋高达200米。它采取了动态设计理念，仰视时犹如3座相互掩映的山峰，俯视时宛似游动嬉戏的锦鲤，其独特的曲面造型使建筑物在任何角度都呈现出动态、优雅的美感。塔楼外部被闪烁的铝板和玻璃覆盖，与蓝天融为一体。此外，望京SOHO推行绿色建筑理念，属于绿色环保建筑，获得了美国LEED绿色标准认证。

◎ 建筑大师的绝唱

　　望京SOHO由世界著名建筑师扎哈·哈迪德（Zaha Hadid）担任总设计师，这位女建筑师曾获具有"建筑界的诺贝尔奖"之称的普利兹克奖，充满幻想和超现实主义的设计理念，颠覆了世界建筑界的定论，也颠覆了世人审美的标准。

曲线流动是这里的主题

1 | 2　1. 仰望望京 SOHO 的三楼鼎足而立
　　　2. 望京 SOHO 环境干净整洁

建筑到处都是流畅的弧形设计，房子、道路、指示牌……入夜后，亮起的灯光非常温暖、柔和，营造出望京SOHO另一种美。

完成银河SOHO、望京SOHO的设计之后，才华横溢的扎哈·哈迪德于2016年3月31日在美国迈阿密因病去世。大师已去，作品永存。

Tips
出行小贴士

每天18—19点会有1个半小时左右的音乐喷泉表演，特别漂亮，绝对不容错过。

银河 SOHO

> 世界建筑大师扎哈·哈迪德的设计作品，以让人惊艳的曲线与未来感著称。

📍 北京市东城区小牌坊胡同甲 7 号

🕐 对外开放

2012年，在北京市东二环朝阳门桥西南角，有一个超现代地标性建筑群拔地而起——由世界建筑大师扎哈·哈迪德设计的银河SOHO。

◎ 没有一丝直线的建筑群

扎哈·哈迪德运用参数化设计，将银河SOHO打造成为一个360度的世界性建筑，每栋建筑个体都有中庭和交通核心，并在不同层面上融合在一起，从而创造了连续流动的空间。

这个庞大的建筑群由四座流动的建筑形体组成，整个建筑没有一丝直线，完全打破了从前东二环沿线方正严肃的建筑布局，创造了灵动新奇的形象。用设计师的话说，这个建筑群体现了21世纪新的建筑形态，这种形态也是世界对新时代的中国北京的全新理解。

随着银河SOHO的落成，众人对它的评价呈现两种极端：喜欢它的人认为

1 | 2 / 3

1. 快要夜幕降临时的建筑泛着幽蓝
2. 造型奇特的建筑外观
3. 令人惊艳的曲线美

这是扎哈在中国的又一神奇之作，它流线型的设计给人带来耳目一新的感觉；而不喜欢它的人则认为它的出现破坏了原有传统的建筑文化。对此，设计师扎哈本人表示希望以多元的共存来表现城市化。

在仰慕者眼中，扎哈是一位特立独行的建筑大师，她的作品像是不规则的图形，但似乎又遵循着某种不为人知的规律，并在自身的理解上不断地多元化和形象化，极具未来感。

一位来自清华大学建筑学院的学生说：银河SOHO描绘出建筑柔美的曲线，漫步于银河SOHO，仿佛置身于灿烂的银河星系。

"解构主义大师"扎哈·哈迪德让人们了解到实用建筑物可以建成流线

体，可以呈现出无数条环绕流线体的优美曲线。

◎ 未来与创新的建筑艺术

据SOHO中国首席执行官张欣说，2008年之所以邀请扎哈·哈迪德担纲设计银河SOHO建筑群，不只是因为她设计理念前卫、引领潮流，更由于她具有女性特有的细腻，或多或少能够理解中国的建筑元素，并把它们融合到世界最前卫新潮的建筑群中。张欣说，尽管扎哈·哈迪德是她所见到的最固执己见的建筑设计师，但是，扎哈还是听进并采纳了中方的一些想法。比如，银河SOHO流线体建筑群的整体轮廓和千千万万条曲线美，蕴含了中国元阳梯田的

1 | 2
1. 亮起灯火的银河 SOHO
2. 银河 SOHO 拥有无数条优美曲线

韵律美。再比如，从空中俯瞰银河SOHO流线体建筑群可以发现，它创造性地借用了中国传统建筑的庭院美——四座建筑围绕着大庭院，每个建筑内又含有一个独立的小庭院，只不过这些庭院不再是方方正正的，而是形态不一的单个流线体或多个流线体首尾相连。简言之，银河SOHO建筑群的设计理念不但引领了世界潮流，而且其内涵为中国传统元素。

而当您置身于建筑之中，会发现无论从哪个角度看，建筑外观都是圆滑的曲线，自然流畅，仿佛是一支华尔兹舞曲，委婉而曼妙、轻柔而舒展，不禁令人想起高迪的名言："直线属于人类，曲线属于上帝。"

随后不久，扎哈·哈迪德接着担纲设计了望京SOHO——银河SOHO的姊妹篇。她在接受设计任务时说："银河SOHO和望京SOHO项目将成为扎哈·哈迪德建筑设计事务所最重要的里程碑……21世纪建筑最大的挑战就是如何通过根本性的重构，远离20世纪工业时代千篇一律、方方正正的积木式建筑，从而迈向当今与数字化社会相得益彰的现代办公空间。SOHO中国深刻理解这些原则，银河SOHO和望京SOHO项目当之无愧地代表了21世纪全球商业世界真正创新性的建筑。"

Tips
出行小贴士

1. 银河 SOHO 的内部是商业中心与办公空间，吃喝玩乐购都十分方便。中间的广场也是休闲活动的好地方。
2. 这儿是一处不错的取景地，摄影爱好者可以来此拍照。

四

走进博物馆浩瀚的历史长河

　　了解历史最直观的方式就是遨游于各地的博物馆。在博物馆里，能看到历史的发展脉络和变迁轨迹。此外，还能了解当下，展望未来。博物馆就是这样一个奇妙的地方，像是一个充满了魔法的盒子，没有人知道下一秒会遇到什么惊喜。

中国国家博物馆

对于偏爱历史文化的游客来说，中国国家博物馆无疑是值得优先选择的去处。

📍 北京市东城区东长安街 16 号

📞 8:30—18:00（16:30 停止入馆）

¥ 凭身份证免费入场

中国国家博物馆的前身是创立于1912年的国立历史博物馆筹备处，最早位于国子监，1918年迁至故宫的端门和午门。1959年，位于天安门广场东侧的新馆落成，同年10月博物馆举办了中国通史陈列展。

◎ 世界上建筑面积最大的博物馆

2003年，中国历史博物馆与中国革命博物馆几经重组，终于合并为中国国家博物馆，并于2007年扩建新馆。扩建后的新馆外观气势磅礴，其建筑设计方案是从9个国外设计方案加上清华大学建筑设计系提出的方案的10个设计方案中挑选，并最终选定德国的建筑设计。

中国国家博物馆是世界上建筑面积最大的博物馆，总建筑面积近20万平方米，共分5层48个展厅。从面向天安门广场的正门走进名为"艺术长廊"的国

博物馆很是壮观

家博物馆西大厅，第一感觉是空间大到令人不知所措。西大厅长330米，宽30米，高28米，建筑面积近万平方米。整个大厅没有一根立柱，更显空旷。从西大厅分别有直梯、滚梯、步行楼梯通往各个展厅。

目前国家博物馆收藏文物超过140万件，其中一些藏品堪称"国之重器"。比如，世界上最重的古青铜器"后母戊鼎"；金文书法成就居首、铭文内容丰富的大盂鼎；2006年由中国国家文物局征集回国的商代最大圆鼎子龙鼎等。

◎ 令人震撼的"古代中国"主题展

国家博物馆有两个最基本的陈列——"古代中国"和"复兴之路"。

"古代中国"由原来的"中国通史展览"发展而成，展出文物超过2500件，分为远古、夏商西周、春秋战国、秦汉、三国两晋南北朝、隋唐五代、辽宋夏金元、明清8个时期。

重要藏品有新石器时代后期仰韶文化时期的鹰形陶鼎，商朝的妇好鸮尊、四羊方尊，西周的虢季子白盘、利簋，秦朝的琅琊刻石，东汉的陶船，南朝的邓县画像砖，唐末的秘色瓷碗，五代的白瓷茶具及陆羽像，明朝的明孝靖皇后凤冠等。

位于地下一层的"古代中国"展览极具吸引力，来到这里，很多历史书上出现过的文物就近在眼前，令人震撼。建议参观时间不太充裕的朋友，直接从"古代中国"展区开始游览，游览过程就像亲身经历了由古至今这段漫长的历史，了解了每个朝代演进的过程，好像经过时光隧道一样。

"复兴之路"则是回顾从鸦片战争、辛亥革命、抗日战争、解放战争到改革开放迄今的中国近现代史。珍贵展品如林则徐报告"虎门销烟"的奏折、洪秀全的玉玺、孙中山的印章、开国大典上的五星红旗等。

另外要特别推荐的还有位于博物馆四楼的"青铜历史"展区，那里有国之重器、镇国之宝——后母戊鼎。另一个有趣的系列展览是同层的"友好往来"，里面陈列的都是外国领导人赠送给中国领导人的礼品，有非常多有趣的礼物。有人认为这些国家之间的赠礼最有特色，是中国其他博物馆少有的，值得推荐。

总而言之，走进中国国家博物馆，对游人来说是既幸福又遗憾的。幸福的是，国家级的博物馆中件件都是精品，是一场视觉到精神的盛宴。遗憾的是，想认真地欣赏馆藏，至少需要一天时间，这不仅是一场博古通今的饕餮盛宴，也非常考验体力与耐心。但馆中的精品会让您觉得一切都是值得的。总之，不管什么时候来到中国国家博物馆，您都能拥有特别的收获。

Tips
出行小贴士

1. 进入国家博物馆前需要安检，为了快速完成安检，请尽量不要携带箱包入场。如已携带箱包，请存包后再进入场馆参观。
2. 参观时请勿大声喧哗，并将手机设置为静音，以免影响他人参观；参观时请勿触摸展品。

中国美术馆

中国美术馆筹建于 1958 年，是中国唯一的国家造型艺术博物馆，从诞生至今，见证了中国半个世纪的时代变迁。

🅟 北京市东城区五四大街 1 号

🕐 9:00—17:00（16:00 停止入馆），周一闭馆（法定节假日除外）

¥ 免费

◎ 来自莫高窟的建筑灵感

这座现代建筑坐落在东黄城根、五四大街到阜成门这条文脉的东端。馆额"中国美术馆"几个大字为毛泽东同志于1963年所题写。

美术馆的主楼馆舍为古典阁楼回廊式建筑，高檐飞脊，金色的琉璃瓦配以玻璃花饰和乳白色面砖，这一颇具民族风格的建筑是由老一辈建筑大师戴念慈主持设计的。戴念慈当时考虑到美术馆被称为艺术宝库，就在设计上将"宝库"这个词形象化——他想到了敦煌莫高窟这个可以说是中国古代艺术宝库的代表。由此，戴念慈汲取莫高窟96号窟"九层楼"飞檐这一古典形式，正门廊及廊榭采用大屋顶式略作点缀，与中间顶部的阁楼相呼应，其他部分则设计成

观看展览的游人

平顶以解决展厅顶部采光问题。在中国传统建筑中，汉代起便有"九层塔"式建筑，莫高窟"九层楼"高45米。中国美术馆的建筑不可能做成莫高窟那么高，为此戴念慈把飞檐压缩重叠在塔顶上，做了七层。

可贵的是，如此富有民族气息和传统审美的建筑在设计时也考虑到了其现代功能，既满足了美术馆展览作品的空间和采光需求，也满足了游客欣赏、交流的需要。

◎ 美，是最重要的

1898年，康有为在《大同书》中提出了理想社会"太平世"。在其大同世界里，博物馆、美术馆、动物园将成为"美妙博异""奇精新妙"的社会新事物。但同属博物馆系统，同样有着"以开民智而悦民心"功能的美术馆在国内

中国美术馆的正门

起步却很晚。中国第一座国家级的美术馆是民国时期建立的江苏南京美术馆。中华人民共和国成立后，美术馆的建设提到20世纪50年代首都北京十大建筑项目中。

放眼世界其他国家，任何一个有着厚重历史文化内涵的国家都设立了众多博物馆、美术馆、歌剧院等，这些是一座城市的标志性建筑。中华人民共和国建立之初，在中央财力不宽裕的情况下，政府还是把博物馆、美术馆列入建设项目中，充分说明了国家对美术的重视。

中国美术馆有6层楼，21个展览厅，每年举办几十场大型展览。馆内收藏各类美术作品11万余件，涵盖从古代到当代各时期的中国艺术名家的代表作品，兼有外国艺术作品。齐白石、石涛、虚谷、任伯年、吴昌硕、黄宾虹、徐悲鸿、刘海粟、傅抱石、潘天寿、李可染、蒋兆和、吴冠中等著名艺术大师的作品都有收藏。

除此之外，美术馆还藏有大量民间美术作品，如剪纸、年画、皮影、彩

塑、玩具、演具、风筝、木偶、绘画、刺绣等，不定期举办国内外艺术家的主题特展，具有很高的艺术水准。

作为有着60年历史的国家级美术馆，中国美术馆也许不是最特别、最新锐的，却一定是寄托了更多艺术情怀的，是对艺术有向往的人最好的去处。

Tips
出行小贴士

1. 所有参观者均须从正门接受安检。
2. 如无特殊说明，场馆内可以拍照留念，但为了保护展品请勿使用闪光灯及三脚架。
3. 观展人可以在展厅内临摹作品，但需要自带面积不大于31cm×40cm 的画板，使用铅笔或水彩笔。请勿带画架或水溶性画材进入场馆。

民族文化宫博物馆

这里就是曾被英国《世界建筑史》收录的"新中国第一宫"。

📍 北京市西城区复兴门内大街 49 号

🕐 9:00—17:00

民族文化宫博物馆坐落在长安街西侧，于1959年10月建成并正式对外开放，是一座具有博物馆性质的民族风情展览馆，也是中华人民共和国成立10周年首都北京著名的十大建筑之一。1995年12月，民族文化宫博物馆成为北京市首批登记注册的55座博物馆之一。

◎ 独特的民族风格建筑

建成后的民族文化宫博物馆，中央的塔式建筑顶部距地面68米，与当时北京城内的最高建筑物——北海公园的白塔一样高。东西翼楼环抱两侧，墙面嵌白色釉砖，飞檐楼顶冠以孔雀蓝琉璃瓦，富丽堂皇。这座建筑以别致的造型、独特的民族风格，被英国出版的《世界建筑史》收录，并称之为"新中国第一宫"。1994年，在北京"我喜爱的民族风格建筑"评选活动中，民族文化宫博物馆名列榜首。

中式建筑风格的民族文化宫博物馆

　　作为一流的专业性博物馆，多年来民族文化宫博物馆以其收藏的大量精美的民族文物而享誉国内外。博物馆馆藏民族文物5万余件，有5个陈列厅，展陈面积3000余平方米。

　　从1994年9月起，民族文化宫博物馆推出了基本陈列"中国少数民族传统文化系列展"，主要内容包括民族服饰、民族乐器、工艺美术品。

　　第一部分为民族服饰，按长衣和两截衣分别展示了各少数民族的服装和饰品，不同民族服饰所具有的独特的美感让人眼花缭乱。

　　第二部分是民族乐器，我国少数民族一般都能歌善舞，有着悠久的音乐文化。在这里可以看到鄂温克族、鄂伦春族猎民使用的鹿哨、飞龙哨，南方少数民族使用的铜鼓，以及堪称维吾尔族音乐瑰宝的《十二木卡姆》演奏时所用的整套乐器，令人大开眼界。

第三部分是工艺美术品，我国少数民族心灵手巧，工艺美术源远流长。这些精美的工艺品多出自农、牧、渔、猎民和工匠之手，与其衣食住行、婚丧嫁娶、节令时序、宗教祭奠等习俗紧密相连，并沿着造物之路延伸，经过世代传袭、发展、积淀、升华，从而具有独特的魅力。

除了基本陈列外，民族文化宫博物馆还经常举办以民族文化为主的专题性临时展览，令人印象深刻。

◎ 不仅是博物馆，也是文化地标

除了博物馆，民族文化宫还包括了图书馆、剧院、宾馆等设施。民族文化宫的大剧院，对当时的北京人而言，简直是艺术的殿堂。这里不仅上演过各种民族演出，奥地利维也纳交响乐团、美国费城交响乐团、英国皇家芭蕾舞团等也都在此演出过。直到今天，民族文化宫大剧院仍是北京人文艺生活的重要场所。

如今，长安街沿线不断变迁，曾经高大的民族文化宫已不再显眼，但它独特的民族风格和背后的传奇故事，仍旧是北京人心中不变的"地标"。

Tips
出行小贴士

1. 爱护并正确使用公共设施，请勿触摸文物及展品。
2. 自觉维护环境卫生，请勿丢弃杂物，请勿在馆内吸烟。
3. 自觉遵守参观秩序，请勿大声喧哗、追跑打闹。

中国科技馆

置身中国科技馆，不仅可以享受一场视觉盛宴，还能体验互动参与的快乐。

> 📍 北京市朝阳区北辰东路 5 号
>
> 🕐 9:30—17:00，周一闭馆（国家法定节假日除外）
>
> ¥ 主展厅：普通票 30 元 / 人，学生票 20 元 / 人，优惠票 15 元 / 人；科学乐园展厅：儿童票 20 元 / 人，成人票 10 元 / 人；球幕影院、巨幕影院、动感影院、4D 影院：普通票 30 元 / 人，学生票 20 元 / 人

◎ 丰富精彩的科学世界

中国科技馆位于北京奥林匹克公园旁，是我国唯一的国家级科技馆。从奥林匹克公园地铁站出来，看到的白色方块状和银色圆球形建筑就是中国科技馆。科技馆为一体量较大的正方体，利用若干个积木般的块体相互咬合，使整个建筑呈现出一个巨大的"鲁班锁"状，又像一个"魔方"，蕴含着"解锁""探秘"的寓意。

科技馆分5层，设有5个主题展厅和4个特效影院，能满足不同年龄层次参观者的需求。馆内除了科技展览外，还有适合儿童的科学乐园，可以通过互动游戏学习科学知识。

◎ 世界最大的球幕影院之一

中国科技馆球幕影院同时拥有世界先进的球幕电影、放映设备及天象演示节目设备，是目前世界上最大的球幕影院之一，可容纳438位观众，并设有残疾人专用座位。

中国科技馆影院引进了世界先进的IMAX放映设备，采用30米直径的半球形银幕，银幕上电影画面的面积为1000多平方米，配以六声道立体声音响效

中国科技馆独特的外观

1 | 2　1. 科技馆里光怪陆离的世界
　　　　2. 小朋友们正在馆里参观学习

果，以惊人的视角画面和逼真的环绕音响效果，带给观众强烈的视听震撼和无与伦比的艺术享受。

球幕影院同时配备了世界先进的光学天象仪和激光数字放映系统。光学天象仪不仅可以演示恒星、行星等天体的运行，还可以展现日食、月食、月相变化等天文现象；激光数字放映系统，不仅可以放映8K数字影片，还能演示实时数字星空，以极具震撼力的场景揭示宇宙的奥秘。影院座椅整体倾斜30度，为观众营造仰望苍穹的环境。360度无死角的球幕效果相当震撼，目之所及尽是浩瀚苍穹，美不胜收。

在中国科技馆里，科学不再是抽象的知识，更是触手可及的艺术。

Tips
出行小贴士

1. 中国科技馆中有很多有趣的动手实验项目，请爱护馆中的设备，按说明来正确操作。
2. 在球幕影院观影时请有序进场，进场后请听从工作人员的安排和指导，文明观看。

 首都博物馆

如果说国家博物馆保存与展现的是中国的历史，那么首都博物馆则记录着北京的前世今生和风土民情。

> ◉ 北京市西城区复兴门外大街 16 号
>
> ◷ 9:00—17:00（16:00 停止入馆），周一闭馆（国家法定节假日除外）
>
> ¥ 免费（需预约）

◎ 记录北京的前世今生

北京有故宫博物院，又有国家博物馆，相比之下，首都博物馆就显得低调很多。不过，如果说国家博物馆保存与展现的是中国的历史，那么首都博物馆则记录着北京的前世今生和风土民情。

首都博物馆筹备始于1953年，1981年正式对外开放，当时的馆址是位于北京安定门内的孔庙。2005年12月，首都博物馆迁入现址，并于2006年5月18日正式开馆。

首都博物馆新址的这座建筑，融合了中国古典美和现代美，体现了"过去与未来、历史与现代、艺术与自然的和谐统一"。博物馆分为地下2层、地上5层，内部又分为3栋独立的建筑，即矩形展馆、椭圆形专题展馆、条形办公

科研楼，三者之间的空间是中央大厅和室内竹林庭院。自然光的利用、古朴的中式牌楼、下沉式的翠竹庭院、潺潺的流水，营造出一个兼具人文与自然的环境，令人身在其中倍感舒畅。值得一提的是，首都博物馆的建筑大量采用了具有北京特点的材质。北广场和大堂地面所用石材，来自于自古以来为北京城供应石材的房山地区；方形展厅的外装饰，采用北京最常见的榆木；椭圆形展厅的外装饰，采用青铜材料，并饰以北京出土的西周时期青铜器的纹样；钢结构棚顶、玻璃幕墙等，又完全表现出现代北京的特色。首都博物馆的所有展览都免费向公众开放。除展馆外，博物馆内还设有餐厅、咖啡厅、茶室、纪念品商店、书店、自动取款机、邮筒、公用电话等设施。

1　2／3

1. 大厅里的景德街牌楼
2. 老北京的生活场景模拟
3. 游客正在参观馆里的展品

◎ 在这里看北京城的缩影

　　博物馆馆藏文物25万多件，现有2个基本陈列和5个专题陈列，展示了北京3000余年的建城史和800多年的建都史，还有自古传承下来的民俗、瓷器、佛教文化以及京剧文化。

　　两个基本陈列之一的"古都北京·历史文化篇"，以北京的历史文化为脉络，展示了675件文物，包括石器、陶瓷器、青铜器、金银器、玉器、纺织品、书画、家具、拓片等，展现了北京从史前的原始村落集聚为城市，又跃升为王朝都城的历史进程。

　　另一个基本陈列"京城旧事·老北京民俗展"，主题为"胡同人家"，以实景再现的方式陈列了清末至民国年间老北京人的生活习俗和礼仪等。在这里，可以看到老北京的四合院式建筑，旧时北京人结婚、办满月酒、做寿、迎新春的用品以及国粹京剧的戏台、戏服等。

　　在博物馆广场的东北角，有一块高6.7米的汉白玉材质石碑，这就是首博的

1 | 2

1. 馆里展出的明代皇帝的冠帽
2. 馆里展出的耶律铸夫妇墓里的陶俑、陶龙、陶凤、陶驼

镇馆之宝——乾隆御制碑，上有乾隆皇帝亲笔书写的《帝都篇》《皇都篇》，是研究北京历史重要的实物文献。

如果说国家博物馆是我们整个国家历史文化的缩影，那么首都博物馆就是北京城历史与文化的缩影。在这里，可以感受到老北京的传统文化，体会一些精彩的临时展览，您将会不虚此行。

Tips
出行小贴士

参观需提前预约，凭预约号及预约时使用的有效身份证件领票。

北京天文馆

北京天文馆是我国第一座大型天文馆，开馆60多年来，深深吸引着一批又一批的参观者。

> 📍 北京市西城区西直门外大街138号
> 🕐 周三至周五（非节假日）9:30—15:30；
> 周六、周日及节假日9:30—16:30
> ￥ 成人10元，学生7元

走过西直门外大街的人，都会对道路南侧的一座穹顶形的美丽建筑印象深刻，那就是北京天文馆老馆。

◎ 北京人从小就熟识的天文馆

北京天文馆坐落于北京市西城区西直门外大街138号，于1957年正式对外开放，是我国第一座大型天文馆，也是当时亚洲第一座大型天文馆。60多年来，北京天文馆以其独特的演示手段，吸引了一批又一批的参观者。

现在的北京天文馆包含A馆和B馆。A馆，就是1957年以来一直在使用的老馆。天象厅是A馆中最重要的馆区，也是我国最大的地平式天象厅，厅中央至今仍安放着一架国产大型天象仪。厅内有直径23.5米的球幕穹顶，能为

北京天文馆包含 A 馆和 B 馆

场内400名观众逼真地还原地球上肉眼可见的9000余颗恒星，以及星座名称和星座连线、坐标系和太阳系行星运动、中国古代星座的名称和连线等奇妙景象。

B馆是2004年年底正式建成开放的新馆，有着如行星轨迹般流畅动感的外形，入口处的凹处给人的印象恰似陨石坑。内部有数字化宇宙剧场、3D动感天文演示剧场、4D动感影院，还有天文展厅、太阳观测台、大众天文台等。B馆以精彩的剧场展示为主，利用球幕、多维技术将剧场内播放的天文电影演绎得精彩绝伦。特别是半径为18米的宇宙剧场拥有标准半球全天域银幕，能同时为200名观众呈现出气势恢宏的立体天幕效果，这在我国是独一无二的。

在展厅内，人们可以看到从太阳真空望远镜观测接收而来的1.8米太阳白光投影像、174毫米手描太阳黑子白光全日面投影像、太阳光谱投影像以及太阳局部活动区的电视图像。新馆顶部有两座天文台，是天文爱好者进行天象观测的理想地点。

◎ 几代人天文知识的启蒙地

除科普节目外，北京天文馆举办的各项展览、天文科普讲座、天文夏（冬）令营等活动同样引人入胜，"星星是我的好朋友""天文馆里过大年"等早已成为备受公众瞩目的品牌活动。

1. 天文馆里的南丹铁陨石
2. 天文望远镜形象的展示区
3. "玉兔"号月球车的1:1模型

　　当年北京天文馆开馆时，中华全国科学技术普及协会主席梁希曾说："中国是世界上天文学发展最早的国家之一，北京还有着世界闻名的古观象台。"世界上许多天文学家认为天象仪的开山鼻祖是在中国，那就是汉代伟大科学家张衡所创造的水运浑天仪。因而在中国建立起第一座天文馆，意义重大。

　　60多年来，北京天文馆开展了大量天文知识科普工作，接待的观众以千万计，成为几代人天文知识的启蒙之地。这里是宇宙的剧场，也是天文学的课堂。

Tips
出行小贴士

　　　天文馆内有天文科普主题影片播放，具体的影片排期请查看官网。

北京自然博物馆

对于喜欢探索自然奥秘的人来说，这里就是一个令人惊喜不断的神秘乐园。

📍 北京市东城区天桥南大街 126 号

🕐 9:00—17:00（16:00 停止入馆），周一闭馆

¥ 免费（需提前一天预约）

北京自然博物馆是中国依靠自己的力量筹建的第一座大型自然历史博物馆，位于北京市东城区天桥南大街，面对现代化的天桥演艺区，背靠世界文化遗产天坛公园，具有特殊的文化环境。

◇ 北京人的童年记忆之一

北京自然博物馆的前身是成立于1951年4月的中央自然博物馆筹备处，1962年正式命名为北京自然博物馆。这座博物馆是不少北京人的童年记忆。

北京自然博物馆主要从事古生物、动物、植物和人类学等领域的标本收藏、科学研究和科学普及工作。2008年被国家文物局评定为国家一级博物馆。在2012年度国家一级博物馆运行评估总评排名中，位列全国博物馆第五、自然

科技类博物馆第一。

在北京自然博物馆的建筑中，最神秘的莫过于"田家炳楼"。这座由香港实业家田家炳先生和北京市政府共同投资兴建的标本楼里，收藏着27万余件馆藏标本。许多标本在国内、国际上都堪称孤品，列出它们的名字，就足以让古生物迷兴奋。比如说，"来自中国的侏罗纪母亲"中华侏罗兽；完成全身羽毛颜色复原的赫氏近鸟龙；保存在我国的唯一一恐鸟标本；世界闻名的古黄河象头骨化石；长26米的巨型井研马门溪龙化石；中国唯一的恐龙木乃伊化石。

◎ 馆藏世界各国赠送的珍贵标本

馆内还收藏着世界各国友好人士赠送给我国国家领导人的部分礼品标本，如科摩罗总统访华时赠送给江泽民同志的珍贵的拉蒂迈鱼标本、早年越南胡志

中国最大的自然博物馆

明主席送给毛泽东同志的亚洲象标本等。其中比较珍贵的是新西兰坎特伯雷国家博物馆赠送给我国的恐鸟骨骼标本，这种巨大的鸟已经于1885年在地球上灭绝，而这件标本也是唯一保存在我国的恐鸟标本。

为了更好地向公众展示这些珍贵标本，北京自然博物馆的基本陈列以生物进化为主线，展示了生物多样性以及生物与环境的关系，构筑了一个地球上生命发生发展的全景图。

◎ 自然与人类的史诗

古生物陈列厅向我们展示了生物的起源和早期的演化进程，透过化石的印痕，人们似乎又看到了那些已经灭绝的生物。这些生物的遗迹将带领人们穿越时空，聆听来自远古时代的声音。

1 | 2
1. 馆里的古生物雕型
2. 馆里的麋鹿标本，也就是传说中的"四不像"

  植物陈列厅似一部绿色史诗，叙述着植物亿万年以来的演变。由水生到陆生，一粒种子的传播，一朵花的盛开，都蕴藏了无数的奥秘。

  动物陈列厅则讲述了动物们身上的奥秘，这里将世界上最具代表性的野生动物及其生态环境还原再现，生动地向人们展示了动物之美和动物界的神奇。

  人类陈列厅展示了人类产生及进化的壮阔历史。由猿到人，历经百万年，才有今日的样貌。每一个人的诞生，看似平淡无奇，却体现出了大自然的鬼斧神工。

  北京自然博物馆是青少年探索自然奥秘的科普教育活动场所。在常规展览之外，北京自然博物馆还不定期地推出各种各样的临时主题展览，例如"猛犸象""达·芬奇科技""人体的奥秘"以及连续十几年推出的"生肖动物"展览等，都产生了较大影响。

自然博物馆的正门

1. 博物馆提供免费讲解，上午和下午各一场，游客可以在博物馆的服务台咨询具体时间。
2. 持身份证预约的游客可直接扫描身份证入馆，无须到窗口换票。

北京汽车博物馆

北京汽车博物馆是目前我国规模最大、藏品最丰富、科技含量最高、展示手段最先进的汽车行业专题类博物馆。

📍 北京市丰台区南四环西路 126 号

🕐 9:00—17:00（16:00 停止入馆），周一闭馆（法定节假日除外）

¥ 25 元

◎ 汽车的历史、现在与未来

2007年年底封顶的北京汽车博物馆位于丰台区，是中国第一座汽车博物馆，是世界上第一家由政府主办的公益性汽车专题博物馆，也是目前我国规模最大、藏品最丰富、科技含量最高、展示手段最先进的汽车行业专题类博物馆。

汽车博物馆的建筑风貌体现了超现代风格，整体外形犹如一只明亮的大"眼睛"，柔和曲线的设计灵感正是来源于汽车的造型和设计手法。金属镶边、柔和曲线表面和窗条凑在一起呈现出的酷似眼睛的独特外观，仿佛在以深邃的目光追溯汽车发展的历史。

博物馆的外形犹如一只"大眼睛"

◎ 关于汽车的5个主题

北京汽车博物馆建筑面积约5万平方米，分3个独立展馆和1个主题展区，最多可容纳3万人同时参观。展馆总共有5层，每层都有独立的主题。

一层是游客服务中心和新闻发布厅。

二层是中国汽车工业经典藏品车展，这一层比较吸引眼球的是红色灯光下的经典汽车藏品，不仅有中国红旗轿车一代，还有很多当年苏联的"吉姆""伏尔加"轿车等经典车型的原型。

三层是未来馆，展示了未来汽车在发展上的无限可能性和很多概念车和未来汽车预测的模型。这一层最吸引人的就是可以看3D汽车电影和模拟开车。

四层是进步馆，介绍了汽车设计、生产、制造等方面的知识。这一层的内容比较专业，以工程技术为主，展示了汽车的内部构造和生产线。另外，这一层还有关于F1赛车的展示。

五层是创造馆，主要介绍了汽车诞生及发展的历史。展品从最早的马车、独轮车、中国历史上著名的指南车、记里鼓车等，一直展示到如今的经典款汽

北京汽车博物馆前绿草如茵

车（如北京公共汽车模型），还有国外的早期蒸汽车，甲壳虫、法拉利、福特等早年老爷车原型……

汽车博物馆是一个会讲故事的博物馆，80余辆具有典型历史意义的藏品车、情境再现的展示氛围，讲述了历史车轮上人类社会变革创新背后的人与事。它是一个值得探索的科技馆，50多个互动体验项目，可视、可听、可触的沉浸式体验方式，生动演绎了科技与文化、科技与艺术、科技与生活的无穷魅力。

1. 博物馆的夜景
2. 博物馆里展出的老汽车
3. 苏联时期的华沙 M20 汽车

1 | 2　1. 大厅里有周边的地形沙盘
2. 博物馆里的曲形台阶

　　根据汽车博物馆的要求，入馆前如果携带超过30厘米的包（箱），需要寄存。使用展品展项前，请仔细阅读告示和说明，并按规程或在工作人员的指导下进行操作。

五

沉浸在艺术的殿堂里

有人说，要想了解一座城市的文化和灵魂，就去看一看它的剧院。

剧院是城市的精神城堡。剧院建筑是静止的，但它所传递出的精神养分却是源源不绝的，像流水一般，让艺术渗入城市的血脉，成为城市文化的一部分。而在北京，大大小小、古典与现代的各种剧院与这座城市水乳交融，为人们的心灵提供更多养分，能承载不同个体细致微妙的情感，容得下每个人的期待和想象，让人们沉浸于艺术的殿堂。

国家大剧院

可以说，国家大剧院的建筑本身就是一场相当惊人的表演。

> 📍 北京市西城区西长安街 2 号
>
> 🕐 9:00—17:00，周一闭馆
>
> ¥ 参观票 30 元，定制参观游览票 70 元

◇ 超越时空的奇妙空间

国家大剧院位于长安街南侧，与人民大会堂和天安门广场相邻，北入口与地铁天安门西站相连。巨型的半椭球形建筑掩映在四周的绿树里，不仔细看，很容易就一闪而过了。

这是一座恢宏的建筑，后现代风格与四周的中国传统建筑构建出了一个超越时空的奇妙空间。国家大剧院建筑面积近22万平方米，里面包含了戏剧院、歌剧院、音乐厅、戏剧场和小剧场，其总面积几乎是悉尼歌剧院（8.8万平方米）的3倍，是肯尼迪艺术中心（11万平方米）的2倍。

国家大剧院的建筑外观较为独特，这个"蛋"形建筑表面上没有门，为钢结构壳体，表面由1万多块钛金属板和1000多块超白透明玻璃共同组成，四周环水，远远望去仿佛整座建筑漂浮在水面上，非常具有未来感。波光粼粼的人

大剧院下沉式的入口

工湖，使这座巨大的建筑变得轻灵，充满动感。为了避免冬季湖水结冰影响视觉效果，建筑时采用了封闭的循环系统，将恒温的地下水注入湖中，冬季可以将人工湖的水温控制在零度以上，使湖水在冬季也不会结冰，随时保持最美的状态。

造型如此新锐的国家大剧院，其设计构想却来自于60年前。20世纪50年代时，周恩来总理首次提出建设国家大剧院的构想，并批示地址"在天安门以西为好"，这正是今天国家大剧院坐落的方位。

1998年4月，国家大剧院全球设计招标在北京开标。经过几轮严格评选，法国设计师保罗·安德鲁的方案在69个方案中脱颖而出。从此，这个在蓝图中的"蛋"形建筑开始被人们所认识。

2007年9月25日，耗资近4亿美元的国家大剧院建成并进行试演。

◎ 带动中国的演出水准

可以说，国家大剧院的建筑本身就是一场相当惊人的表演。国家大剧院的"蛋壳"造型与旁边的人民大会堂、天安门等建筑在风格上反差很大，设计者安德鲁曾这样评价道："中国人20年后才能接受我这个未来派的设计。"

确实，在国家大剧院筹建之时，对它的争议很多。后来，国家大剧院以令

人瞠目的速度崛起。北京成了继东京之后亚洲最大的古典音乐"港口",演出水准远远超出过去的半个世纪,而国家大剧院从中起到了决定性的作用。

如今,柏林、维也纳、芝加哥等世界顶尖交响乐团把剧院的日程表塞得满满当当,国家大剧院也有越来越多优秀的剧目上演,大家也开始真正去参观和欣赏这座建筑。

大剧院的外形与倒影形成一个完美的椭圆

◎ 走进大剧院的神奇体验

前文提到过，国家大剧院这个蛋形建筑表面上没有门，环绕它的是3.55万平方米的人工湖泊。实际上，进入剧院的主门在建筑北面，深入地下。从入口处走向剧院内部时，会经过长长的水下长廊，泛着亮光的水波就在头顶荡漾。

大剧院内部的大厅有高达46米的穹顶，一半由暗红色的非洲巴度木装饰而成，据说设计师是受到紫禁城的启发，将大剧院主体装饰成红色。穹顶的另一半，是弧形钢结构玻璃幕墙，在室内可以直视天空。

剧场中聚集的人总是很多，却并不嘈杂，原因是周围已进行了降噪处理，在空旷的空间里人们的交谈不会形成共鸣。

据说，如何防止雨水滴落在面积有十个足球场大的穹顶上产生的噪声，曾经十分困扰设计者。实验表明，若不进行有效的防噪处理，当雨水落下时整个穹顶内的声音将犹如万鼓齐鸣。幸运的是，这个问题最终在进行了反复实验后得以解决。

椭圆形大厅两侧有滚梯向上，连接着剧场内面积最大的公共休息区。在休息厅的正南面，三大剧场——音乐厅、歌剧院、戏剧院排成一列。

歌剧院观众席有3层，共2201个座席。主舞台宽32.6米，可以演出目前世界上已知的所有大型歌剧、舞剧。主色调为金黄色的歌剧院运用了最佳声学技术，使人无论身处何方都能听清来自舞台上的声音。这里的演出使用纯自然声，不使用麦克风，这是国际专业剧场的基本标准。

音乐厅主色调为白色。主观众席对面的墙上，安装了亚洲最大的管风琴。它的声管达6500根之多，最粗的管直径有80厘米，最细的只有小拇指那么细，能满足各种不同流派作品演出的需要。音乐厅的天花板如抽象浮雕，呈沙滩波浪状，那些波纹经过计算，能使剧场呈现最佳的声音效果。

　　戏剧场墙面用杭州丝绸进行装饰，以红色为主色调，共有20多种不同的红色，丝绸经过特殊处理，有防火和反射声音的功能。国家大剧院也许是世界上最复杂的舞台，有13个升降块和2个辅助升降台，可以整体边旋转边升降，也可以分别单独升降，舞台便成了"鼓筒式"转台。

　　除了特立独行的建筑风格外，国家大剧院高达近4亿美元的造价也一直是舆论焦点。造价如此高昂的剧院，究竟要多高的票价才能维持正常运行？答案是，国家将大剧院定性为公益性事业单位企业化运营，也就是说，它首先要承担的是向人民大众提供优秀文化作品的义务，而不以盈利为首要目的。

　　大剧院制定了立体化票价，具体将票价分为高、中、低三等，国内剧团

光影变换下的流光溢彩

1 | 2

1. 大剧院的大厅
2. 沐浴在夕阳下的大剧院

原则上以中档票为主，国外剧团则以演出成本核定票价为主。此外，还设置了百个票价仅为几十元的低价站席，让爱好艺术但收入不高的人群也能欣赏顶级演出。

让普通大众走进大剧院，享受到世界一流的设施，是建立国家大剧院的初衷。

Tips
出行小贴士

1. 身高在 1.2 米以下的儿童，须有持票成人陪伴方可入内。
2. 进入参观或观演之前，请妥善保管贵重物品并接受验票与安检。
3. 请遵守剧院规定，勿携带三脚架、反光板等摄影设备进入，并且禁止使用闪光灯以及相关照明设备。
4. 剧院内严禁吸烟，严禁穿越警戒线、翻越护栏、进入未开放区域。

中山公园音乐堂

优越的地理位置与人文环境赋予这座音乐殿堂独一无二的韵味与魅力。

📍 北京市东城区中华路4号中山公园内

🕐 4月至5月6:00—21:00；6月至8月6:00—22:00；9月至10月6:00—21:00；11月至次年3月6:30—20:00

¥ 中山公园门票3元，凭音乐堂演出票可免公园门票

◎ 美好之地的音乐圣殿

中山公园音乐堂坐落在松柏森森、亭古廊长的皇家古典园林——中山公园内，东眺天安门，西毗中南海，南望天安门广场，环境优美，在这里去欣赏一场古典音乐，再合适不过了。

中山公园原名社稷坛，是世界上最大、最完整的古代宫殿建筑群——紫禁城的一部分，因此音乐堂被海内外音乐人士誉为"中国皇家园林中的音乐明珠"。

优越的地理位置与人文环境赋予这座音乐殿堂独一无二的韵味与魅力。每

年200余场的演出，使音乐堂成为北京专业音乐厅中演出场次最多、最有影响力的剧场之一。

◎ 经过历史风雨的音乐堂

　　中山音乐堂始建于1942年，经历了半个多世纪的风风雨雨。1997年北京市委、市政府斥巨资重新翻建音乐堂，1999年4月全新的中山音乐堂落成，一座典雅、音响效果绝佳的专业古典音乐厅展现在大家眼前。

　　能容纳1419人的演奏大厅全部由乳白色大理石镶嵌铺装而成。为了使观众获得最佳的视听感受，工程建设者们不辞辛劳，这里的音频与混响效果堪称国内一流，良好的视野设计更使观众无论坐在何处均能对舞台一览无余。

◇ 高质量的音乐演出场所

　　新的中山公园音乐堂落成后，在短短10年内就成为海内外艺术家、艺术团体、演出机构以及广大音乐爱好者所钟爱的剧场。中山音乐堂也是中国两大知名乐团——中国爱乐乐团与北京交响乐团音乐季的主场，同时也是北京国际音乐节的主要演出场地。

　　相对旁边的国家大剧院，中山音乐堂绝对是小众古典乐爱好者的福音。中山音乐堂每年演出西方古典音乐、爵士乐、世界音乐、现代舞、中国传统民乐与戏曲等200余场精彩节目，其中"盛世音乐文化周""打开艺术之门""法

处于中山公园内的音乐堂

国钢琴节""九门爵士节"等品牌节目深入人心。每年夏季的"打开音乐之
门"活动，是最适合小朋友的古典音乐入门培养，也是许多北京人的童年
记忆。

Tips
出行小贴士

1. 进入剧院最好穿正装。请勿着背心、拖鞋观看演出，否则可能被
谢绝入场。

2. 欣赏音乐会，请持有效票券提前 15 分钟入场。如迟到，则需在
门外等候，待曲目间隙才能入场。

3. 演出期间请勿拍照、摄像、录音。

老舍茶馆

老舍茶馆被称为北京茶文化的"浓缩地",人们来老舍茶馆,并不只是为了喝一口茶,更是为了品一品老北京的味道。

> 📍 北京市西城区前门西大街正阳市场3号楼
>
> 🕐 10:00—22:00
>
> ¥ 无须门票,具体演出时间参考各票详情

在北京天安门广场南的正阳门城楼西侧,有一家由大碗茶起家的茶馆——老舍茶馆。

◎ 北京的城市名片

据说过去北京的大小茶馆有五六百家,但能享有"城市名片"之称,在北京城妇孺皆知,甚至享誉海内外的,非老舍茶馆莫属。

喜欢京城文化的游人都会到此一游,沏一壶香茶,看一场节目,品一口京城小吃,最后再带上京城的特产。

古老的京味儿文化博大精深,老舍先生无疑是京味儿文学的杰出代表,而

以老舍先生及其名剧《茶馆》命名的老舍茶馆，则将浓缩了的传统京味儿文化与现代化的经营理念有机融合并将之展现给全世界。

　　"这种大茶馆现在已经不见了。在几十年前，每城都起码有一处。这里卖茶，也卖简单的点心与饭菜。玩鸟的人们，每天在这里遛够了画眉、黄鸟等之后，要到这里歇歇腿，喝喝茶，并使鸟儿表演歌唱。商议事情的，说媒拉纤的，也到这里来。"老舍先生在《茶馆》中，就这样简简单单地描写着他所见所知的老北京的茶馆，将读者带入了那个年代。

老舍茶馆门口一对威武的石狮子

茶馆的规模很大

◇ 喝口茶，品品老北京的味道

　　老舍茶馆被称为北京茶文化的"浓缩地"，刚走进前门西大街，就会被"老二分"大碗茶的招牌吸引过去，红色的收钱箱、古朴的大碗以及大缸花茶……让人不由得停下脚步。

　　老舍茶馆建成于 1988 年，虽然至今也就 30 年历史，但已经成为老北京的某种代表。三层建筑安静地坐落在前门西大街，正门前有一座老舍先生的半身铜像。门楣上书有"北京大碗茶"五字的金漆匾额，上落老舍夫人胡絜青题写的"集老舍书印"的边款。

　　老舍茶馆的大碗茶如今仍然售卖 2 分钱一碗，卖的还是老北京人最爱喝的香片——茉莉花茶。在钱箱里随喜投进零钱，就能换一碗热乎乎的大碗茶喝。

走进老舍茶馆，一声浓浓京味儿的"来了您哪"让人瞬间入戏。1500平方米的演出大厅红灯高挂，黑褐色八仙桌上摆放着黄白花纹的细瓷盖碗，在堂倌儿的带领下，您会看到小桥流水、金鱼嬉戏，还有楼内的四合院、沿路的宫灯、红木桌椅、京剧模型以及古老的编钟，都呈现出幽静的特色。

显然，客人们来老舍茶馆，并不只是为了喝一口茶，更是为了品一品老北京的味道。

◎ 深度体验传统艺术

去老舍茶馆最好是在下午和晚上，每天下午都有皮影戏和茶艺京剧表演，而晚上则有戏曲及杂技表演。

信步走上二层，老舍茶馆四合茶院又是另一番景致。舒缓的音乐，悦耳的鸟鸣，潺潺的流水，谁会想到，在喧嚣的正阳门城楼下，会有这样一处安静的

1｜2
1. 茶馆里的主题包厢
2. 茶馆里的北京特产展示

1 | 2 / 3

1. 这里有老北京的大碗茶

2. 门上绘有门神画

3. 大碗茶浮雕

场所。

在茶室一隅，有一处孝笑陶坊，是专门供客人体验制陶工艺的场所。老舍茶馆也是学生实践的实训基地，每年都有学生走进这里了解京味儿文化。

漫步在老舍茶馆，会有一种目不暇接的感觉，这里到处洋溢着京味儿文化的氛围。老北京传统商业博物馆里的每一件老物件都向人们讲述着京城街道、胡同、院落里的故事。

喝茶、看戏、逛茶楼这样的老传统，现在恐怕只有在北京才能体验到了，老舍茶馆票价不算便宜，但一张票可以看到多种多样的曲艺形式，还有茶艺表演，这种传统的艺术氛围很值得前来体验一下。

来到北京城，如果您想找个地方品品茶，看看戏，感受原汁原味的老北京文化，老舍茶馆是最好的去处。

1 | 2

1. 老舍茶馆拥有很多的头衔

2. 茶馆里的木质桌椅摆放得很整齐

老舍茶馆每天晚上都有京剧、皮影戏、相声、茶艺等众多形式的表演。演出票价不等，看演出需要提前订位。票价已经包含了一些老北京传统小吃的价格。

181

梅兰芳大剧院

对京剧来说，"梅兰芳"这三个字就是无形资产。梅兰芳大剧院是北京众多票友的天堂，在此能够感受到京剧的魅力。

📍 北京市西城区平安里西大街 32 号

🕐 依具体演出时间而定

¥ 票价依具体剧目场次不同而定

梅兰芳大剧院隶属于中国国家京剧院，坐落在北京市西城区官园桥东南角的黄金地段，这是一座传统与现代艺术完美结合的现代化表演场所。

◎ 凝结京剧精神的剧院

酝酿了 28 年、耗资近 2 亿元的梅兰芳大剧院在 2007 年 11 月 28 日落成开业。

这座以中国京剧艺术大师梅兰芳先生命名、具有中国风的现代化艺术殿堂，矗立在繁华的金融街与古朴的平安大街交会点上，成了一座标志性建筑。

剧院通体由透明的玻璃幕墙包裹，透过明亮的玻璃，能看到一道彰显皇家气派的中国红墙，每到夜晚，宛如一块红色水晶在两幢摩天大楼的环抱中熠熠闪耀。远远望去，剧院犹如一道向世人开放的艺术之门，传递出北京这座历史

梅兰芳大剧院就在地铁站旁

名城深厚的文化底蕴和京剧艺术海纳百川的包容性。

梅兰芳大剧院的外部结构体现了现代的设计理念，钢架支撑的扇形屋架配以玻璃屋面，构成了一个动态的结构平衡体系，形成流畅、生动、富有乐感的建筑形体。剧院的内部装饰融入了中国传统建筑形式的精髓，红色的立柱，红色的大墙，镶嵌着数十座金色的木质圆形浮雕。浮雕是由著名雕塑艺术家运用民间传统雕刻工艺打造而成，在每一座浮雕上都刻有国家京剧院曾经上演过的经典剧目，每一座浮雕都凝固和再现着 200 年来京剧传承的精华。

拥有 1000 多个座位的观众厅分为上、中、下三层，一层为雅座，观赏视觉优良；二层为最佳位置，设置了 VIP 包厢；三层为普通座席，观看演出舒适惬意。

◎ "梅兰芳"三个字就是无形资产

　　对京剧来说，"梅兰芳"这三个字就是无形资产。梅兰芳先生是中国京剧院首任院长，一生成就斐然，据不完全统计，他一生演过的京、昆剧，包括主演和配演，总数不下 200 出。梅兰芳代表作《宇宙锋》《贵妃醉酒》《霸王别

大剧院的夜景

姬》《洛神》《穆桂英挂帅》等，是梅氏演出的精华，也是中国京剧艺术的精华。他的舞台风范、艺术成就、流派风格，成为梅兰芳剧院的著名旗帜。

梅兰芳大剧院中有一尊梅兰芳大师铜像，只见他身着中山装坐在沙发上，面带微笑目视前方，双手兰花指舞弄折扇。当年铜像揭幕的时候，梅兰芳之子梅葆玖凝神端详，久久不肯离去，并感叹道："这个神态真好！让我觉得父亲还活着，一直与我有着心心相印的感情！"

◎ 带您体验京剧的魅力

梅兰芳大剧院以京剧精品演出为基础，同时承接国内外音乐剧、歌舞等各类艺术形式的演出，成为不同艺术、不同文化之间交流的桥梁。

梅兰芳大剧院是北京众多票友的课堂，也是普通来客感受京味儿文化的地方。现场版的京剧演出跟通过电视观赏的感觉有着天壤之别，务必要到现场去看一场演出，亲自感受一下现场的氛围。即使对京剧并无深入了解，也很容易被京剧演出的魅力所吸引。

Tips
出行小贴士

剧院一层除了售票处，还有一个京剧艺术商品区，有不少京剧光盘和京剧艺术纪念品。

北展剧场

北展剧场既是老北京人记忆里的怀旧之地，也是如今小众文艺歌手演唱会的最佳地点。

📍 北京市西城区西直门外大街 135 号北京展览馆内

🕐 10:00—22:00，周一闭馆

¥ 演出票价依具体剧目场次不同而定

◎ 曾经的北京文化地标

北京展览馆建成于 1954 年，最初称为"苏联展览馆"，是由毛泽东亲笔题字、周恩来主持剪彩的北京第一座大型、综合性展览馆，以独特的俄罗斯式建筑风貌点缀着古老的北京。北展剧场则是北京展览馆的一个组成部分。

北展剧场起初是一个露天剧场，1959 年加顶，改建成室内剧场。初建时，苏联各个芭蕾舞团、交响乐团、合唱团常在这里演出。如今，北展剧场依然是北京重要的演出场所之一。

北京展览馆西侧的莫斯科餐厅气势宏伟，很多怀旧主题影视剧都把它作为拍摄场景，在姜文的电影《阳光灿烂的日子》里，这家餐厅的场景就让人印象深刻。在王朔、叶京、都梁、姜文等人的文艺作品，以及他们所能代表的至少

北展剧场的正门

两代人的记忆中，北京展览馆是不可替代的一个地方，它代表着一种情结，是那个时代的地标性建筑，"老莫"餐厅、北展剧场则是与那代人的青春有关的、延续至今的怀旧之地。

◎ 新时代变成新热门

在后来的一段时间里，北展剧场好像有点过时了。夹在西直门交通枢纽和动物园两大热点地区的北京展览馆和北展剧场，很容易被年轻人忽略。

好在近些年来，北展剧场开始进行多元化的尝试，找到了自己的新特色，

1 | 2 / 3

1. 北展剧场夜景

2. 剧场拥有 400 余平方米的舞台

3. 剧场拥有 2700 多个座位

在"80后""90后"中重新成为热门。

相对于"天桥剧场与芭蕾""中山音乐堂与高雅音乐""首都体育馆与巨星演唱会"等较为固定的定位，北展剧场的演出内容涉猎很广，芭蕾舞、演唱会、话剧、音乐剧等各类演出都在这里上演。

◎ 小众音乐会的最佳地点

北展剧场最被年轻人认可的标签是小众文艺歌手演唱会最佳地点。

北展剧场再次成为热门场地缘于 2007 年的张震岳演唱会。当时在北京普遍有一种"不看张震岳演唱会就是不时尚"的观点，因此那次演唱会的门票全部售罄。

后来，陈绮贞、苏打绿、蔡健雅等既非大众流行，又有忠实歌迷的音乐人把北展剧场当成开演唱会的首选之地。其实，北展剧场对于中小规模的演唱会来说非常适合。场地不大不小，利于台上台下互动，互动性比一些大场馆强，演出条件又比 Live House 好。

北展剧场非常适合小规模的演出。剧场整体像一个扁椭圆形，即使坐在最后一排距离舞台也不是很远，视觉上没有任何障碍。虽然这里没有太奢华的舞美，但却很适合文艺歌手。张震岳对北展剧场的印象就很好，他觉得这里的空间感是大场地不能给予的。

北展剧场的再次崛起，在于完美地发挥自己的优点。越来越多的音乐人更加喜欢剧场而非商业化的大场地，北展剧场则成为一个很好的选择。同时，2700 多人的座位数量也非常适合观看音乐剧，这也是北展剧场的魅力所在。

Tips
出行小贴士

观看演出时，请按时到场，不要迟到。进场和退场时要有序，听从工作人员指挥。

798 艺术区

"798" 这三个数字，是中国当代艺术最有辨识度的标识。

> 📍 北京市朝阳区酒仙桥路2号、4号
>
> 🕐 大多数展览的展出时间为10:00—18:00，大部分画廊展馆周一闭馆
>
> ¥ 免费，个别展馆单独收费

798 艺术区位于北京市朝阳区酒仙桥街道大山子地区，故又称大山子艺术区，原为国营 798 厂等电子工业的老厂区所在地，艺术区的名字就是由此而来。

◎ 老厂房 + 现代艺术 = 新传奇

如今，"798" 除了数字本身的含义以外，一般专指北京 798 艺术区。"798" 跟艺术联系起来，其实是最近十几年的事。最早，这里只是一片京郊荒地，1952 年开始筹建北京华北无线电联合器材厂，即 718 联合厂，成为新中国电子工业的重要开端。1964 年，联合厂撤销，成立原电子工业部直属的 706 厂、707 厂、718 厂、751 厂、797 厂及 798 厂。2000 年，这 6 家单位整合重组成为北京七星华电科技集团有限责任公司，资产重组之后有一部分厂房得以闲置出租。

园区大战群狼的雕塑

　　这一系列由苏联援建、东德负责设计建造、总面积达110万平方米的重点工业项目，建筑风格偏于东德的包豪斯风格。特别的厂房风格加上低廉的租金，让众多艺术家开始对这里产生兴趣。2002年，有画商租下了其中一间开了一家艺术书店。随后，陆续有艺术家前来租用闲置厂房并改造成工作室，如赵半狄、刘小东等人。一传十，十传百，两年内就有70多位艺术家自发聚集在此。有了闲置厂房与现代艺术的结合，更多的艺术工作室、当代艺术机构、画廊甚至媒体都落脚在此处，逐渐形成了一个艺术群落。798也因当代艺术和诸多文化创意产业机构闻名于世。

　　后来，一些大众范围内更知名的艺术界人士，比如洪晃、李宗盛等也先后进驻798。2004年，798艺术区举办了"北京大山子国际艺术节"（后来改名为798艺术节），这让798成为北京当代艺术的高地。

园区里的钢铁雕塑

◎ 逛不够的艺术街区

　　如今，798 这三个数字，是中国当代艺术最有辨识度的标识。目前在 798 艺术区，主要的画廊、美术馆集中分布在两条东西向的 797 路、751 路，以及南北向的 798 东街。各个艺术展览馆和画廊，路边的各种雕塑，墙上的各种涂鸦都让人耳目一新。一年之中任何时间去 798，都能看到精彩的展览。

　　798 作为创新元素融入北京的生活，带给了北京这座城市更多的活力和灵动。

Tips
出行小贴士

　　尽量避免周一来798，这里许多场馆都周一休息。建议在周一以外的日子上午10点半以后再来，如果来得太早，很多店都还没有开门。

六

畅游于书海之中

　　文化是一座城市发展的灵魂，它决定着一座城市的深度、厚度和广度。在文化气息厚重的北京，有作为国家总书库的中国国家图书馆，有传统的大型书店，更有许多规模虽小却各具特色的独立书店，吸引了众多不同爱好的读书人。

中国国家图书馆

中国国家图书馆，旧称北京图书馆，一般简称为"国图"，包括北海公园附近的文津街分馆，是亚洲规模最大的图书馆，居世界国家图书馆第 3 位。

📍 北京市海淀区中关村南大街 33 号

🕐 周一至周五 9:00—21:00；周六至周日 9:00—17:00

¥ 凭身份证免费入场

◎ 历史悠久的国家图书馆

中国国家图书馆历史悠久，其前身是筹建于1909年9月9日的京师图书馆，馆舍设在北京广化寺，1912年8月27日正式开馆接待读者。1916年开始履行国家图书馆的部分职能。之后馆名几经更迭，馆舍几经变迁。1931年，文津街馆舍落成（现为国家图书馆古籍馆），坐落于北海公园西侧，红墙绿瓦，雕梁画栋，建筑面积3万平方米，成为当时国内规模最大、最先进的图书馆。先后参与筹划开馆和主持馆务的，有鲁迅、梁启超、蔡元培、李四光等一批中国近现代史上赫赫有名的人物。

中华人民共和国成立后，京师图书馆更名为北京图书馆。1998年12月12

壮观的国家图书馆阅读大厅

日，更名为国家图书馆，对外称中国国家图书馆。

现在的国家图书馆总馆一期坐落于紫竹院公园北侧，1987年落成，建筑面积14万平方米，气势恢宏，主楼为双塔形高楼，采用双重檐形式，有孔雀蓝琉璃瓦大屋顶，淡乳灰色的瓷砖外墙，花岗岩基座的石阶，再配以汉白玉栏杆，通体以蓝色为基调，取其用水慎火之意。曾荣膺"80年代北京十大建筑"榜首。

总馆二期位于一期北侧，集现代化和智能化于一身，建筑面积8万平方米。同期建设的国家数字图书馆工程极大地拓展了服务空间，使国家图书馆成为跨越时空限制的网上知识中心和信息服务基地。

1. 托在空中的图书馆建筑

2. 大厅里表现印刷术的雕塑

3. 图书馆的正面

国家图书馆馆藏丰富，古今中外，集精撷萃。馆藏殷墟甲骨、敦煌遗书、赵城金藏、《永乐大典》、《四库全书》等极为珍贵。外文善本中最早的版本为1473—1477年间印刷的欧洲"摇篮本"。

◎ 在书的世界里，人好像变小了

图书馆是书之渊薮，是读者集中阅读、交流之地。特别是国家图书馆这样全国顶尖的图书馆，进入其中，在无数书架与书籍的包围中，感觉自己好像变得渺小了。身处国家图书馆的"回"字形建筑中，环顾四周，密密麻麻全是看书的人，场面相当震撼。

图书馆的空间层次感很强

　　国家图书馆不仅是供大家阅读、查阅资料的地方，同时也是国家总书库、国家书目中心、国家古籍保护中心。每一个爱书的人，都应该去中国国家图书馆感受一下。

1. 国家图书馆进门需要安检，不可带食品和饮料，可带水杯自行在馆内饮水机处接水。大包需要寄存，可以携带笔记本电脑。
2. 带身份证就可以进馆看书，如果办了图书卡，可以登录国图的免费 WiFi。

北京大学图书馆

每个大学都有一座图书馆，北京大学的图书馆最引人遐想。

> 📍 北京市海淀区颐和园路 5 号北京大学内
>
> 🕐 图书馆大门和自习区：周一至周日 6:30—22:30；主要借阅区周一至周日 8:00—22:00
>
> ¥ 免费

创建于1898年的北京大学，是中国第一所国立综合性大学，也是当时中国最高教育行政机关。北大校园又名燕园，历史悠久，以未名湖为中心，周围分布着很多古老的建筑。

◎ 中国最早的现代新型图书馆之一

人多的时候，来北大参观是要排队的，但这依然阻挡不了前来参观的人们的热情。

未名湖与湖边的博雅塔都是北大的地标，再加上南侧的北大图书馆，被学子们并称为"一塔湖图"。

北京大学图书馆的前身是始建于1898年的京师大学堂藏书楼，是中国最早

的现代新型图书馆之一，辛亥革命之后正式改名为北京大学图书馆。五四运动前后，北京大学图书馆成为当时的革命活动中心之一。

北京大学图书馆位于校园核心区，百年讲堂北侧，分为紧挨着的新旧两楼，现在分别称为东楼、西楼，周边环境很好，一排银杏树一到秋天分外美丽。

馆内目前纸质藏书近800余万册，各类数据库、电子期刊、电子图书和多媒体资源约300余万册（件），规模仅次于国家图书馆，是中国第二大图书馆，在亚洲各大学图书馆中排名第一。

◎ 低调书香与群星璀璨

北京大学图书馆从外表看并不是金碧辉煌，大门很小，但正是这种低调的书香气才令人憧憬。图书馆的建筑风格是中国古典风格与现代风格相结合，建

北京大学图书馆的西楼

筑外部较为古典，内部却非常现代化。

北京大学图书馆不仅馆藏丰富，而且群星璀璨。众所周知毛主席早年曾在此工作，革命前辈李大钊先生也曾在此出任馆长，章士钊、顾颉刚、袁同礼、向达等名人学者也曾在图书馆工作，在馆中很多古典书籍中，还可看到李大钊、胡适等当初做的笔记。

历经百年风雨，北京大学图书馆已经确立了在国内大学图书馆界不可动摇的地位。走进北京大学图书馆的大门，让人有一种走在历史文化当中的感觉。

Tips
出行小贴士

1. 北大对游客开放的主要是东南门，游客需要携带身份证在这里登记入校。其他校门则仅对本校师生开放，会查验证件。
2. 北京大学图书馆一般只对本校师生开放，校外读者需要持身份证到图书馆东门一楼大厅总咨询台换取"北大图书馆临时阅览证"，凭证到本馆阅览室、阅览区查阅书刊资料。

北京图书大厦

北京图书大厦,既是当之无愧的西单地标,也是全国"第一书城"。

📍 北京市西城区西长安街 17 号
📞 010-66078477
🕐 9:00—21:00

北京图书大厦位于西单路口东北侧,总建筑面积 5 万余平方米,是北京市国有书店中规模最大、经营品种最丰富,也是最早运用信息化技术的旗舰书城,堪称全国"第一书城"。

◎ 巨大的书城

走出西单地铁站,很容易就能找到北京图书大厦,它是当之无愧的西单地标。

北京图书大厦于 1998 年 5 月 18 日开业,是北京市的重点文化设施。开业20 年以来,无论春夏秋冬,北京图书大厦总会聚集着许多看书、挑书、买书的读者,这样的画面从未改变过。

建设北京图书大厦的准备期其实很漫长,它是周恩来总理生前批准并且十

1|2   1. 图书大厦里图书种类繁多
         2. 图书大厦开阔的大厅

分关心的项目。大厦于 1958 年选址，1985 年立项，1993 年动工，中间凝聚着几代人的心血。1998 年开业的时候，北京图书大厦就已经全部采用开放售书的方式，这在当时是很先进的。

北京图书大厦主营图书和音像制品，兼营各类文化产品。这里出售的图书门类全、品种多，出版物陈列品种约 33 万种，可以说展示了我国出版业的整体风貌。

图书大厦的一层主要经营社会科学类图书，包括哲学、法律、史地文化、贸易金融、旅游地理、百科全书等。二层经营少儿读物和文学艺术类图书。三层经营文化教育类图书及音像制品，西南侧还有数码产品专区，经营各类数码产品。四层经营科学技术类图书。可以说，图书大厦里各类图书，应有尽有。

2004 年，图书大厦在地下一层开设了原版图书专区，是目前北京市最大的综合性外国原版图书零售场所之一。近千平方米的大厅宽敞明亮，浓烈的现代感中弥漫着书香，全场分为读物区、生活区、艺术区和社科区，集中了英、法、德、日等十几个语种的 1 万余种原版出版物。

◎ 实体书店的新延伸

如今，在图书电商平台崛起的时代，北京图书大厦也一直尝试着进一步延伸实体书店的服务功能。比如充分利用新技术，让挑书、购书更方便，在店里设立"智慧书城"自助查询设备和自助结算设备，读者仅用 1 秒钟就可以检索到想要的书籍，并且可直接通过自助设备下单，使用微信、支付宝快速结算。

再比如致力于打造"全民阅读"体验空间，启动"悦读悦想听"阅读沙龙，满足读者在近百平方米的场地上，在一静一动之间朗读作品、录制、分享的阅读体验。

这一切尝试，既能让人感受到亲手触摸一本书的实体感，同时又能让人享受到前所未有的便捷服务。

Tips
出行小贴士

北京图书大厦人流量较大，不宜在书架前停留过长时间，选购书籍时宜轻拿轻放。

言Yan Books and Coffee

这家店卖的不只是书，更是一种生活美学。

> 📍 北京市朝阳区青年路润枫水尚东区8号
> 楼03号、05号底商
> 📞 010-57207109
> 🕐 10:00—22:00

　　朝阳区青年路的西北方向，离朝阳大悦城不远的一处社区底商，言Yan Books and Coffee就隐藏其中。这是一家咖啡店，也是一家书店，面积约160平方米，整体设计是简单舒适的北欧风格，其中图书占60%，咖啡区嵌入图书架位之中，整个氛围既轻松又愉悦。店里有一些生活小物，还可以举办小型展览活动。

　　这里上架的书籍品种丰富，但很少有当下大热的励志类图书，主要是一些设计和生活方式类的图书，主要面向的读者群体有设计师、咖啡师、艺术创作者，当然还有对美食、旅行等感兴趣，对生活品质有较高追求的人，这里更多地是想通过不同类型的书籍唤起人们对生活的热爱。

　　店内90%是进口书，不少优秀纸本与台版、日文及欧美版本等同步发行。店主曾经骄傲地宣称："我们书的新鲜程度，与东京、柏林的艺术书店同步。"

　　这家书店充满美感又不枯燥生涩，哪怕是从未涉足的陌生领域，买一本回去也能对那个领域有个大致的了解。

　　这家书店对自己的定义是"Books，Coffee & More for Life"。有书，有咖啡，有阳光，人生中幸福的事全都在此。宽敞明亮的社区书店，时常提醒您在疲于奔命的同时，也需偶尔静观当下。

Tips
出行小贴士

　　从书架中抽取图书试读后，如果不想购买，请原样放回，并摆放整齐。这样做，既方便了后来的顾客，也是对书店工作人员劳动的尊重。

库布里克书店咖啡

　　"库布里克"不仅是一家书店、一家咖啡店，还是一个举办不同类型艺术活动的文化交流空间。

> 📍 北京市东城区东直门香河园路 1 号北区
> 当代 MOMA 2 号楼一层
> 📞 010-84388381
> 🕐 11:00—22:00

　　库布里克这个名字取自电影大师斯坦利·库布里克（Stanley Kubrick）。不难看出这是一家与电影很有渊源的书店。

◎ 从香港到北京

　　最早的一家库布里克书店于2001年在香港油麻地开业，初建时只为满足相邻的香港百老汇电影中心的观众的需求，提供书籍、影碟、唱片等，致力于提供更好的艺术创作平台。在后来的十几年中，香港的库布里克由单纯的书店发展成为多元化的文化聚集地，加入了图书出版及发行、音乐会、创作人工作坊、诗会、一人一故事剧场等项目，成为一个联结艺术、文化与生活的场所。

　　库布里克导演本人是一位多面手，除了导演外，还常常负责电影的剪辑、

摄影、音效等工作。书店借用他的名字，也寓意着致力于更好地推动多元文化创作与传播。

2009年，库布里克书店开到了北京，坐落在北京二环的东直门当代MOMA，同样以书店和咖啡店为主，同样是依附艺术影院而生——紧邻北京首家百老汇电影中心，兼营原版电影海报。

北京的库布里克书店咖啡同样不只售卖图书及咖啡，而是尝试把有形的空间更好地利用在无形的文化交流当中，跟不同的艺术机构合作，举办不同类型和主题的活动，希望通过书籍、电影、音乐等引发更多的灵感，使得各种创作的可能性发挥到极致，进而成为北京和香港文化艺术的交流平台，并期待有更多同好在此一起创作、分享和交流。

◎ 一个文化创意满满的空间

走进库布里克，首先映入眼帘的是咖啡专区。配套的咖啡馆让读者可落座免费阅读，咖啡馆的部分比书店面积更大，座椅之间不会拥挤，有WiFi、咖啡与甜点。别致的沙发、古朴的圆桌、布满电影海报的墙壁，每个角落都别具匠心。

徜徉在绿色空间里的顾客

满眼绿色的图书专区让人眼前一亮，高矮不等的绿色书架、绿色柜子、绿色植物，甚至连墙壁、照射灯的电线都是绿色的，让人觉得很舒服。

这里的图书种类很多，在书目选择上并没有走稳妥的畅销路线，而是侧重影视、戏剧、文艺、设计、建筑和旅行类，有各种电影、时装、音乐杂志，还有很多港版、台版及原版外文书籍。琳琅满目的书籍，摆放得错落有致，书架之间还专门设计出坐卧区，上面放着厚厚的靠垫，温暖而舒适。

除了书与杂志，店内还引进了不少国外设计师创作的日用品、文创品，也贩卖独立音乐专辑。电影书籍区域开辟了珍藏版海报的展示区。这里的电影海报不同于其他地方，大多是日版，因此，许多熟悉的电影都变成了另外一个名

很少见的弧形摆放空间

字，站在这里看海报猜电影名，也不失为一件趣事。在书店的最深处还有一个
DIY工作坊，上面摆放着一些创意小件，书店希望借由这个平台，与更多的艺
术家合作，推广更多的艺术形式和原创作品。

Tips
出行小贴士

在这里请注意轻声交谈，拒绝嬉笑打闹。相互体谅才能创造一
个舒适的看书、购书环境。

正阳书局

北京的砖塔胡同矗立着一座著名的万松老人塔，古色古香的书店——正阳书局就位于塔下的小小寺院内。

> 📍 北京市西城区西四南大街 43 号
> 📞 010-63039616
> 🕐 9:00—21:00

◎ 古塔边藏着的书局

西四大街边上有个砖塔胡同，胡同里有座古塔，名叫万松老人塔，其始建于元代，是金末元初高僧万松的葬骨塔，现为全国重点文物保护单位。砖塔胡同因塔得名，是北京历史最悠久的胡同之一，也是迄今为止唯一自元大都时代即有文字记载并沿用至今的胡同，被誉为"北京胡同之根"。鲁迅、老舍、张恨水等文化巨匠都在这条胡同内留下过足迹，都曾与古塔比邻而居。

古塔下有一座四合院，里面"藏着"正阳书局。如果不是门口有"正阳书局"的招牌，院里更像一间小小的老北京民俗博物馆，摆满了老北京的门墩、门板、桌椅等老物件，还有满院子照片，散发着浓厚的老北京生活气息。

可不要小看正阳书局，北京文化艺术收藏界的各路大师和资深爱好者经常在这里出入。安静的午后伴着小曲儿，一杯茶、一本书，旁边团着一只打盹的

书局古朴的大门

猫——这就是老北京人的午后。

◎ 老北京主题的图书空间

　　这里的负责人崔勇是位"80后"理科男，也是个地道的老北京，喜欢收集老北京的各种物件，院子里大到木门、石墩、暖炉，小到拓片、老照片，都是崔勇一点点收集来的，只为展示老北京文化，并不售卖。院里定期有关于老北京文化的展览，走廊和凉棚可供读者休息。墙边倚着题字的老旧木门，"无事可静坐，闲情且读书"。门口可以代寄明信片，也都是老北京主题的，上面贴了一张繁体字"本號代寄明信片"的小纸条。

屋里是图书区，空间不算大，各种书籍紧密有序地排列着，大都是旧书、古籍，内容主要是老北京的文化、建筑、风土人情等。还有很多文人学者把自己的收藏捐赠给这里，让更多的人了解北京的故事和文化。更有很多失传已久的书籍，书里夹着"阅"的都是只借不卖的宝贝——人艺的老剧本、小人书，还有北京各区县的地名录等。

这里更像一个小图书馆，很多人或站或坐，痴痴地读着书。这里还可以借书，办一张仿古线装善本的借阅证，就可以把喜欢的书借回家。

1｜2　　1. 店里有很多老北京风格的明信片
　　　　2. 店里摆放有很多老北京的物件

书架上摆满了各种书籍

◎ 全民阅读的公益书局

其实正阳书局确实有着图书馆的功能。与大多数享受国家文物保护单位待遇的古建不同，西城区政府将古塔脚下的小小寺院打造成为全北京第一个非营利性的公共阅读空间——砖读空间，并将其引入正阳书局面向公众免费开放，为人们打造了一处怀旧赏古、休闲阅览的场所。

2014年4月，北京市西城区负责人将万松老人塔的钥匙交到了崔勇手里，这是北京第一次将文保单位打造成公共阅读空间，供第三方无偿使用，也完成了一次文保单位活化利用的有益尝试。

正阳书局的经历，反映了传统文化的日益火热、全民阅读的持续升温，也见证了社会各界的努力和支持。随着"砖读空间"和正阳书局的影响力越来越大，很多人慕名而来，在这里感受老北京的传统文化，这里的角角落落都是历史的见证。目前正阳书局里有精心淘换来的图书1万多种，另有库存图书近4万册，以供不定期更换。

这里摆满"北京人写的、写北京人的、在北京写的书"，将这一公共阅读空间最大限度地打造为传播北京文化的一个阵地，"让爱书人能够在北京最古老的胡同里，最古老的砖塔脚下享受阅读北京的乐趣，成为京城阅读的一座崭新的文化地标"。

Tips
出行小贴士

在正阳书局参观、看书或借阅时，请保持安静，轻拿轻放，借阅的书籍要按时归还。

三味书屋

这是一家小小的民营书店，也是一家有着文化味、书香味与人情味的书店。

> 📍 北京市西城区复兴门内大街 20 号
> 📞 010-66013204
> 🕐 12:00—19:00

听到"三味书屋"，相信大家脑海中会马上浮现出鲁迅先生。北京的这间"三味书屋"自然不是鲁迅先生少年求学的地方，而是一家民营书店。

◎ 传承文化的书中"三味"

三味书屋的"三味"，指的是文化味、书香味和人情味。这座位于北京西单商圈的小屋号称北京首家民营书店（也是最早实行开架售书的书店之一），创建于1988年，老板是一对夫妻，且夫妻二人都是教师。

这家书店在民族文化宫对面的胡同里已经开了30年了。30年里，邻近高楼越来越多，百货公司越开越大，西单商圈越来越热闹，这座只有两层高的小楼倒显得独树一帜。恬静而古朴的斜屋顶，木门、灰砖墙、暗淡素雅的灯光，好像封存了北京的时代感，让人一踏入便仿佛从现代生活的快节奏中隔离了出

1. 书屋里书本的摆放密度很大
2. 来过书屋的社会名流的照片展览

来，沉浸于这里静谧的阅读氛围中。

三味书屋是最早开始举办作家签书会、中外文化交流和周末讲座的书店。据说在北京的文学圈子里，知道三味书屋是最起码的常识。

店内装修很简单，黄苗子先生题的"三味书屋"四个大字悬于正中。书店有两层，一层是图书，书架上不接顶、下不落地，取其中间四档，方便书友舒适地取书和阅读，中央台子上的鲁迅塑像看得出岁月的痕迹。

走上二楼的茶座，木桌椅、挂在窗前的鸟笼和墙上的字画显得古意盎然。平日里茶座显得有点冷清，偶尔有两三个客人静坐品茗。角落里的钢琴和古筝，则是周末音乐会的主角。

书屋中所有书籍都由店主李世强和刘元生夫妇亲自挑选，店内陈列的大多是文史哲一类的书籍，这里的书从不打折，流动速度也慢，更没有畅销书。在这里还可以找到好多年前难得的旧版本，80年代从装帧设计到内容都颇为古典的书或90年代初的一些适合收藏的精品出版图书这里都有。

1 | 2

1. 书屋的店面毫不起眼

2. 书本的后面是老式的柜子，上面还挂有老式铜锁

◎ 最小的，也是最久远的

　　三味书屋是长安街上唯一的临街民营书店，在周围建筑的映衬下显得有点渺小。在店面的留言墙上，有20多年前的笔记，有人写道："长安街上你是最小的，但也可能是最久远的。"

　　有时候，会有十几年前的老邻居故地重游，推开门惊叹："这家书店还在啊，真好！"

Tips
出行小贴士

书店主人因热爱而坚持开店，参观时请多体谅他们的经营不易，保持安静与店内整洁。

杂书馆

> 高晓松任馆长的杂书馆，里面收录有大量珍贵的古书、史料，都是私人藏书家捐赠，并且免费向公众开放。

📍 北京市朝阳区崔各庄乡何各庄村 328号红厂设计创意产业园

📞 010-84308727

🕐 10:00—17:00，周二闭馆

¥ 免费，需提前预约

看过网络视频节目《晓说》和《晓松奇谈》的人，应该对杂书馆很熟悉，因为很多期节目都是在杂书馆录制的。

◎ 一座奢华的公益图书馆

杂书馆是一家大型私立公益图书馆，也是一所免费公开借阅的藏书楼。杂书馆面积3000余平方米，设有国学馆及新书馆，馆藏图书及纸质文献资料近百万册。

杂书馆的知名度，很大一部分是由高晓松担任馆长之后提升的。"生活不

只眼前的苟且，还有诗和远方"，这句话广为流传，而在杂书馆，我们既能找到诗，也能找到精神上的"远方"。

2015年11月28日，在杂书馆的开馆仪式上，高晓松曾说："需要有人来做这样的事情。民间存在着很强大的东西，不要把它埋没了。它已经很古老，已经放了很久很久，我们要走出顾影自怜的历史研究，让它变成一种悲天悯人的东西，而不是只有少数知识分子掌握的东西。"

杂书馆位于崔各庄红厂设计创意产业园，乘坐地铁15号线在马泉营站下车，步行1000多米就到了。一走进杂书馆，很容易被眼前的景象震撼到，这里的书架足有4米高，近100万册藏书由100辆卡车运来，被工作人员细心摆放在1000多个书架上，光是分门别类地搬书上架就花了1年时间。

◎ 最好的看书宝地

杂书馆分为国学馆和新书馆，分别在两座楼里。新书馆里有20万册中华人民共和国成立以来出版的文学、历史、哲学、经济类图书，此外还有儿童阅读区域，里面有积木，还有"70后""80后"小时候熟悉的小人书。

除了大量图书，新书馆还贴心地为真正爱书的人布置了最宜读书的环境，有轻音乐，有随处摆放的小沙发和软垫。如果您徜徉于书架中时偶遇一本好书，便可以从容地坐下来细细翻阅，另外还有免费的茶水、水果可以自取，就像在自己家的书房一样。楼梯还铺上了毯子以减少噪声。

走出新书馆，几十米之外就是国学馆。这里看上去似乎没有新书馆美观舒适，但杂书馆真正的宝贝都聚集在此。国学馆里共有七个分馆，包括晚清民国期刊馆、民国图书文献馆、西文汉学馆、特藏新书馆、线装古籍馆、民族民俗

书馆的开放式空间

1 | 2　1. 杂书馆的招牌
　　　　2. 壮观的书墙

古籍馆、名人信札手稿档案馆。

值得一提的是，民族民俗古籍馆里收录了10多万册弹词、鼓词、唱本等民俗读物，它们是说书人讲给老百姓听的故事，随意翻开一本，上面的字写得密密麻麻，一股乡野气息扑面而来。

通过预约登记，就能亲手翻阅、研读这些珍贵的古书籍、手稿，实乃读书人的乐事。

如高晓松本人承诺的，杂书馆里所有的书籍免费阅读，读者要做的，只是提前预约。在这个读书变得奢侈的年代，能有一帮人愿意拿出自己毕生所藏，给爱书人提供一个"最好的看书宝地"，实在是超越了世俗世界的别样追求。

高晓松曾表示，希望在他们去世之后，这家图书馆还在。这也是看书人的梦想吧，爱好读书的人一定不能错过这里！

Tips
出行小贴士

1. 去杂书馆之前一定要在微信公众号预约，预约成功之后，现场凭身份证进入。如果想借阅国学馆中的书，也要提前预约。
2. 国学馆分为三层。一层可以自行参观翻阅，如果想去二层、三层，需要提前预约并请工作人员带领进去。
3. 杂书馆里有很多珍贵的古籍、文献，翻阅时请动作轻柔，爱惜书籍。

参考资料

[1] 谭英，日坛史略[M]. 长春：吉林大学出版社，2010.

[2] 吴志友. 孔庙国子监里思先贤[N]. 北京晚报，2018-03-19.

[3] 舒智慧. 摸石猴　摸铜特　摸门钉……（组图）[N]. 北京晚报，2013-02-10.

[4] 贺勇. 探访北京潭柘寺"全国最美古银杏"：千年银杏绽芳华[N]. 人民日报，2018-07-07.

[5] 葛忠雨，图说北京三千年[M]. 合肥：黄山书社，2009.

[6] 李泽伟. 北大红楼：五四运动出发地[N]. 北京青年报，2014-05-22.

[7] 陈溥. 教堂，北京的一道西洋风景线[N]. 北京晚报，2015-12-14.

[8] 党亚杰. 京城最长胡同——东交民巷里的西洋旧景[N]. 人民日报，2016-05-17.

[9] 梁欣立. 德胜门箭楼是怎样留住的？[N]. 北京日报，2015-09-01.

[10] 于丽爽. 卢沟桥501头狮子今年首次排辈 800岁"年龄"差[N]. 北京日报，2017-03-06.

[11] 刘娜. 国家游泳中心水立方外层膜结构今日将完工（图）[N]. 法制晚报，2006-12-25.

[12] 李健亚. 央视大楼"大裤衩"获年度全球最佳高层建筑奖[N]. 新京报，2013-11-12.

[13] 范石肖. 从视觉到味觉的跨界书店（组图）[N]. 北京日报，2013-02-26.

[14] 李斌，吉宁，张漫子. 在正阳书局品味京味书香[N]. 北京晚报，2018-04-26.

[15] 路艳霞. 高晓松杂书馆宝贝多：藏有清朝和民国杂志所有首期[N]. 北京日报，2015-12-10.

[16] 田超. 高晓松杂书馆藏10万余册民俗古籍　周末预约达500人[N]. 京华时报，2015-12-07.